被低估的
内向者

韩晓 / 著

中国华侨出版社
·北京·

图书在版编目（CIP）数据

被低估的内向者 / 韩晓著 .—北京：中国华侨出版社，2019.7

ISBN 978-7-5113-7873-6

Ⅰ.①被… Ⅱ.①韩… Ⅲ.①内倾性格－通俗读物 Ⅳ.① B848.6-49

中国版本图书馆 CIP 数据核字（2019）第 119155 号

被低估的内向者

著　　者：	韩　晓
责任编辑：	高文喆
责任校对：	孙　丽
经　　销：	新华书店
开　　本：	670 毫米 ×960 毫米　1/16 开　印张：15　字数：176 千字
印　　刷：	河北省三河市天润建兴印务有限公司
版　　次：	2019 年 9 月第 1 版
印　　次：	2024 年 5 月第 2 次印刷
书　　号：	ISBN 978-7-5113-7873-6
定　　价：	42.00 元

中国华侨出版社　北京市朝阳区西坝河东里 77 号楼底商 5 号　邮编：100028
发 行 部：（010）64443051　　　传　　真：（010）64439708
网　　址：http://www.oveaschin.com　　E-mail：oveaschin@sina.com

如果发现印装质量问题影响阅读，请与印刷厂联系调换。

前言

1921年，瑞士心理学家荣格在其发表的《心理类型学》一书中对内向性格与外向性格进行了充分的阐释。他认为，内向和外向是人类性格最基本的表现，一个人是内向还是外向，能够直接影响他的思想和观念。荣格认为，东方人的思想是内向的，西方人的思维是外向的。他的观点之后得到普及，被大多数人接受，到了后来，内向和外向的说法就用在了描述单个人的性格问题上。

如同一张纸的A面与B面，其实性格是没有好坏之分的。荣格认为内向性格的人是把自己的心理能量向内释放的，这就决定了内向者的兴趣不在外部世界而在内心世界，也就是他们只对自己的观点、思想、情感、行为感兴趣，而外向者则把心理能量或者兴趣指向环境中的一切。所以，外向者对环境的变化较内向者更为敏感和关注。

不可否认的是，在外向性格备受主流价值观肯定的现代社会中，内向者正不得不面临着诸多来自工作、生活和心理上的困扰：他们疲于应对人际关系，喜欢独处，却被认为是性格孤僻、不合群；他们善于倾听寡言少语，却被认为是优柔寡断无主见；他们害怕在公共场合表现自己，不喜表功，却常被误解为能力不强；他们渴望获得关注与认可，却无法像外向者一样热情自信，快速成为人群中的亮点……为了缓解来自外向世界的压力，一些内向者甚至不得不做出妥协，试图通过改变自己来让自己更受欢迎，然而，这种违背本心的改变可能会带来成功，却伴随着抑郁、纠结等负面情绪。如何在保持内向性格的基础上，更好地适应外向世界，是烦恼的内向者亟待解决的问题。

本书与内向者分享了在保持内向性格优势的基础上，进一步优化性格、提升社交能力与表达能力的技巧与方法，它会告诉我们：如何优化内向性格自卑、敏感等性格短板；如何克服社交恐惧，提升外向意识，与外向世界更为舒适地相处；如何发挥内向性格的口才优势；在推销、演讲、谈判等特定场合中内向者又该如何展示与表达。可以说，本书为内向者认识自己、提升自己、改善生活提供了清晰有效的实用性建议。

内向性格不是缺陷，也不是不善社交、木讷胆怯的代名词。接纳自己，发挥优势，内向者同样拥有强大的力量。

目录

[第一部分　性格篇]

第一章　从自卑到肯定：
————内向者如何营造自信的气场

1. 自我检视：我是自卑的内向者吗 / 003

2. 自怜是内向者的软肋，撕掉"自怨自艾"的标签 / 007

3. 做事之前先思考："做不到"还是"不敢做" / 011

4. 完美主义很脆弱，别对自己求全责备 / 014

5. 营造自信的气场，打造口才驱动力 / 017

第二章　从敏感到独立：
————内向者如何在外向世界中保持自我

1. 真正的独立，从认识你自己开始 / 021

2. 越是内向的人，越要表明态度 / 026

3. 别把自我价值附着在他人身上 / 030

4. 优柔寡断等于放弃了决定权 / 033

5. 你需要依赖自己，而不是第一时间向他人求助 / 037

第三章　独处与共处：
————内向者如何走出内心的孤岛

1. 人人都会感到孤独 / 040

2. 不要让孤独成为人生的障碍，学会与孤独为伴 / 044

3. 在独处中恢复精力与活力 / 048

4. 走出自我小世界的温暖堡垒 / 052

5. 别惧怕改变，尝试与不同的朋友相处 / 055

第四章　接纳与调节：
————内向者如何管理负面情绪

1. 学会控制情绪是我们成功和快乐的要诀 / 059

2. 为生活的不如意列一张待清清单 / 063

3. 调整心态，很多烦恼不过庸人自扰 / 067

4. 自己的情绪钥匙切勿交给他人 / 070

5. 为悲观的心灵注入生活的无限可能 / 074

[第二部分　社交篇]

第五章　克服社交恐惧：
─── 内向不是社交的大敌

1. 为什么内向者更容易社交恐惧 / 081

2. 内向不是劣势，只是缺乏与人交往的勇气 / 085

3. 掌控语言力量，让表达成为克服恐惧的助力 / 088

4. 有答也有问，才能让交流持续不冷场 / 093

5. 让你困扰的人群恐惧症 / 096

6. 微笑让你成为安静但易亲近的内向者 / 099

第六章　用心感知他人：
─── 用真诚打开对方的心锁

1. 内向者是天然的最佳倾听者 / 103

2. 真诚才能维系亲密关系 / 107

3. 请勿忽略与自己同样内向的人 / 110

4. 调节冲突，先改善他人的情绪 / 114

5. 不要以己之心揣度他人的需求 / 117

6. 释放自我，真正拉近与他人的距离 / 120

第七章　建立外向意识：
——与外向世界舒适同行

1. 善深度的内向者，需要拓宽思维的广度 / 124

2. 不要让喜恶决定你的接受能力 / 127

3. 对生活有足够的考量，也有足够的乐观 / 131

4. 根据对方特点量身定做沟通话题与方式 / 135

5. 深化内向者的"稳"心境 / 139

［ 第三部分　表达篇 ］

第八章　内向不等于沉默：
——发挥内向者的口才优势

1. 口才优势：言简意赅，简洁有力 / 145

2. 优势进阶：不急于阐述，让讯息显得意味深长 / 151

3. 优势进阶：为自己的表述添加鲜活元素 / 155

4. 口才优势：沉着稳重，言语可信 / 158

5. 优势进阶：用数据和事实提升说服力 / 161

6. 优势进阶：说话的方式与内容同样重要 / 164

7. 口才优势：善于观察，认真倾听 / 168

8. 优势进阶：观其色、察其心，有效理解"言外之意" / 171

9. 口才优势：严守语言关，谨言慎言 / 175

10. 优势进阶：别让抱怨和牢骚习惯脱口而出 / 178

11. 口才优势：偶尔幽默，一鸣惊人 / 182

12. 优势进阶：培养幽默才华的五个技巧 / 185

13. 优势进阶：区分幽默与滑稽，杜绝低级趣味 / 189

第九章 说者从容，听者动容：
——掌握特定场合中的沟通技巧

1. 内向的人可以做好销售吗 / 194

2. 如何凭借内向优势化解客户的异议 / 198

3. 如何克服上台演讲时的紧张情绪 / 201

4. 演讲别卡壳，即使言语不连贯也要坚持讲下去 / 206

5. "好好先生/小姐"如何艺术地说"不" / 209

6. 以题外话营造和谐谈判氛围 / 212

7. 谈判中慎重回答对手疑问 / 216

8. 谈判中的沉默策略 / 219

9. 恋人之间别总是讲"理" / 222

10. 放下面子和羞怯,合拍的爱情由沟通而来 / 226

第一部分
性格篇

第一章
从自卑到肯定：内向者如何营造自信的气场

> 内向者多谦卑，他们常会看到自己的不足和缺点，较少去发现自己的强项和优势。这就造成他们对自己有一种不公正的轻视，同时对他人有一种不客观的崇拜。其实，我们每个人都是独一无二的，有不足，但也有自己独特的优势。因此，我们没必要沉浸在自卑情绪里，而应给自己鼓劲，并努力发挥自己的潜力和优势，实现内向者特有的人生价值。

1. 自我检视：我是自卑的内向者吗

内向性格往往伴随着自卑。自卑，就是指一个人过分低估自己的能力，认为自己在各个方面都不如别人。在他们眼中，别人是高大的，自己是渺小的。他们认为，自己的一切努力都微不足道，别人的幸运是理所当然的，自己的不幸也是理所当然的。在他们的内心深处始终存在抱怨的念头，抱怨自己什么都不好，抱怨父母没有给自己好容貌、好家世，抱怨环境没有给自己好机会，甚至抱怨老天没有给自己同别人一样的命运。

而很多人内向的原因都是源于一种深层次的自卑，因为始终受自卑心态困扰，导致他们在别人面前抬不起头。说话的时候，总是觉得自己说的话别人不会感兴趣；做事的时候，总是觉得自己的功劳不如别人、方法不如别人，于是便不敢积极地表现自己。

自卑的人常常轻视自己，他们认为和自己有关的一切都是差劲的，即使取得了不错的成绩，他们也不觉得高兴，认为只是因为自己太幸运，而不是因为自己的努力得来的。自卑者的心灵就像充满毒气的花园，花园中的植物连呼吸都困难，更不用说繁茂成长，这是自卑者始终不能很好地展现自己的原因。

人们都说王洁是个好妈妈，她的女儿皓皓是个小大人，走到哪里都充满自信，在学校当班长、大队长，成绩突出，任何时候都很显眼，街坊邻里的妈妈们都来向王洁取经，问她是如何将孩子培养得如此健康自信的。

王洁说她没有什么秘方，就是在日常生活中带她去做各种各样的事，并经常鼓励孩子说："你一定能做到，去试试！"久而久之，原本性格拘谨的孩子便变得越来越活泼。

王洁心里还埋藏着一个秘密，她不愿和任何人提起。王洁从小就是个内向又自卑的女孩，她羡慕女同伴们梳起来的漂亮发辫，自己却从来不敢这样梳头发，害怕被人笑话；她的成绩中等偏上，却总是认为自己太无能，比不过总考满分的班长；她在任何时候都不敢说话，久而久之，别人也不爱跟她说话，这让她觉得大家都讨厌自己。

上了大学，她喜欢班上的一个男生，那个男生最初对她也有些好感，可是，每当那个男生约她出去玩时，她因为太过自卑，每次都拒绝，后来那个男生成了别人的恋人……王洁认为自己一辈子都被自卑伤害，她下定决心不能让自己的孩子也尝到这种苦头。

有的时候王洁也会想，假如小的时候，她身边有一个不断鼓励她的人，或者她懂得自己鼓励自己，生活会不会是另一个样子？她会不会也像女儿皓皓那样变成一个自信、充满魅力的人？

王洁是个典型的自卑者，因为自卑，她始终得不到想要的东西，觉得自己低人一等，不敢追求，继而成长为一个平庸的人……但其实，当王洁费尽心思培养孩子、以自己的孩子为骄傲、把自己的教育理念告诉别人时，她已经在某一方面成功地摆脱了自卑。由此可见，只要方法得当，自卑者会在不知不觉中变得自信。

自卑有时候带有潜伏性。取得一定成绩的人可能因为一时的风光而忘记了自己心中的自卑感，但是，他的某些行为却仍然会表现出他的自卑感仍在潜意识里影响着他，让他体会不到真正的成功喜悦，更会在他今后的道路上制造障碍。因此，了解自己的心态是一件很重要的事，及时根除自卑更是当务之急。让我们对照一下自卑的具体表现，看看自己是否自卑。

（1）自我评价低

自我评价低的人一般会认为自己在某一方面或多方面不如他人。比如，外貌可能很出色的人，总说自己长得不够好；成绩很优秀的人，却认为自己太笨、成绩太差……这种意识并非出自谦虚，而是源于植根在他们内心深处的自卑。谦虚，是在肯定自己基础上的低调，而自卑则是在否定自己基础上的低调和应付。所以，那些明明条件不错却总认为自己不够好的人，是由于极度自卑以致无法看到自己的优点。

（2）不敢表达自己、不想与任何人接触

有一些人从来不肯发表自己的观点，向来拒绝和他人多接触，这样的人往往让人觉得太过清高孤傲、难以接近。其实在内心深处，他们也想发出自己的声音也想结交很多朋友，但他们会因为觉得自己的声音难听、观点普通、没有吸引力等原因而抵触社交。

（3）行动犹疑、个性懦弱

有一些人做事总是不痛快，他们会不断地问自己："我能做好吗？"然后非常肯定地回答自己："我做不好。"他们始终抱有一种失败的心态，认为自己做的一切事都会徒劳无功，于是在行动上慢慢吞吞，甚至不知道自己究竟想不想做事。

他们的个性也很软弱，有什么事都不敢做出决定，总是附和别人的声音，没有自己的立场。即使他们心中有自己的想法，也会因为认为"别人的更好"而放弃这种想法，他们永远无法做创造者，因为别人一句话、生活中一个风向就能让他们彻底否定自己。

（4）过度表现，有时喜欢逞能

自卑并不都表现为懦弱，有时候也会表现为喜欢逞能，甚至有些张牙舞爪。自卑到了一定程度就会变成色厉内荏。为了证明自己比他人更好，即便知道自己能力不足，也依然选择去做，尤其是在他人的言语刺激下。这也可以称得上是一种可悲的自我保护，他们小心翼翼地隐藏起自己的自卑，却没有想过如何改变这种情况。

任何时候，一个忘记自己长处的人都是可悲的。有时候，他们忘记了即使自己先天条件不够好，通过后天努力也可以弥补；有时候，他们却一边努力，一边否定自己的努力。如果你发现自己有自卑倾向，一定要及时改变，增强自己的信心。

2. 自怜是内向者的软肋，撕掉"自怨自艾"的标签

"自卑是人类美好生活的天敌，它会使原本美丽的人变得无比憔悴，它会使本该幸福的人变得焦躁不安。人类只有消除自卑、战胜自我，才能让自己的生活更美好。"这句话出自英裔美国作家托马斯·潘恩之口。如其所言，自卑确实是人们美好生活的"克星"。

稍加留意，我们就会发现，无论外向者和内向者都会有自卑感，但不同的是，外向者更容易找到出口，从自卑中走出来。而内向者则沉浸其中，总是觉得自己事事不如他人，进而变得畏缩、毫无斗志，甚至自暴自弃，面对任何事情，第一反应就是"我会失败的""我不行""我天生就是这样""我没希望"……如此这般，他们的人生必然不够理想，而生活也会变得黯淡无光。

据调查显示，在内向者中，约有 90% 以上的人受到自卑的困扰。这些人都有一个共同的特点：总是觉得自己不如别人。正是因为这种感觉，他们无法正确地看待自己、衡量自己，长久地沉浸在消极的情绪中。

今年 26 岁的黎明涛在某家民营企业从事人力资源管理工作。由于家境贫寒，他从小就很自卑，不太合群，朋友也非常少，从 3 年前毕业后一直到现在，黎明涛一直处于不断找工作、换工作的状态。

之所以如此，主要原因就是黎明涛的人际关系问题。因为他不合群，公司领导都认为他缺乏团队精神、工作不积极，所以一般试用期一结束，公司就把他炒鱿鱼了。这样的恶性循环将黎明涛的自信与自尊消磨得所剩无几，他的自卑感越来越强烈，公司的同事也觉得跟黎明涛在一起很压抑、很沉闷，都不怎么愿意和他沟通交往。就这样，黎明涛逐渐变得越来越麻木，对什么都提不起兴趣，就知道整天对着电脑，让自己沉浸在虚拟世界里。

对此，黎明涛感到很痛苦，觉得自己很失败，一点儿前途都没有，甚至还产生过自杀的念头。

德国哲学家黑格尔说："自卑往往伴随着懈怠。"故事中的黎明涛正在走着因自卑而懈怠的路。其实，在我们周围，像黎明涛这样因为家境自卑的人不在少数，但有的人可以走出自卑的阴影，积极面对生活，而有些性格内向的人封闭起自己的内心，不愿与他人交往，越来越自卑，生活黯然失色，就像黎明涛一样。

安岩是个沉默寡言的女孩，对自己的长相和身材一点儿自信都没有。在异性面前，安岩总是低着头、红着脸，不敢和对方有任何眼神的交流，说话声音比蚊子还小。和同性在一起时，安岩觉得所有人都比自己长得漂亮，身材也比自己好，因此总是感到无地自容。

每次和朋友去参加聚会，安岩总是那个躲在角落里一声不吭的人。看着朋友们在舞池中肆意地旋转，安岩多么渴望自己也能那样尽情地欢乐啊！可是再看看自己，相貌平平，毫无姿色，想想就自卑，于是，安岩的头埋得更深了。面对异性的邀请，安岩也总是自卑地摇摇头，生怕自己踏错舞步，踩到别人的脚而出洋相。

安岩的这种心理让她在他人面前总是抬不起头来。都27岁了，她还是形单影只。

显然，内向的安岩在与人交往中严重缺乏自信心。在这种心态的影响下，她的人际关系、生活状况是何局面也就不难判断了。一味地顾影自怜、自轻自贱毫无用处，只有趁早摒弃自卑，与自卑划清界限，才能彻底解决问题。

那么，内向者如何才能与自卑彻底决裂呢？在此，我们给出以下几点建议：

（1）不要对自己抱有过高的期望和怀有过强的荣誉感

所谓希望越大，失望越大。要克服虚荣，以免自卑感愈演愈烈。

（2）不要对过去的失败耿耿于怀

过去的已经过去，把握现在才是王道。不要纠结与沉浸在过去失败的痛苦中。努力铲除自卑生长的土壤，整理好心情，继续上路。

（3）扔掉自己身心缺陷的沉重包袱

千万不要戴着"有色眼镜"看待自己，也不要因为身体上的一些缺陷而瞧不起自己。想想，一个自卑、看不起自己的人，又怎么能得到他人的尊重呢？

（4）将自己的目标拆分成一个一个的"小目标"，然后一点一点地实现

不要急于求成。要将大的目标拆分成几个小目标，一步一个脚印，在不断实现的过程中消除自卑感、增强自信心。

每一片树叶都不一样，每个人也都有自己独一无二的地方。你没必要去羡慕别人的优点，也没必要一味地贬低自己的不足。

要记住：你就是你自己，你有属于你自己的独特风景。当你发现一切都只是心理作用在作祟、自卑在捣乱的时候，当你果断地扯下给自己贴上的"失败者"标签时，你会发现"山重水复疑无路，柳暗花明又一村"的真谛，重拾起生活的信心。

3. 做事之前先思考："做不到"还是"不敢做"

如果让我们帮内向的人画一幅肖像，画出他们在面临事情时候的状态，多数人会在脑海里自动勾勒出以下场景：有人对一个人说："这件事让你做最适合！"另一个人边摇头边摆手，十分肯定地说："不不，我做不到！"其他人说："你不要谦虚！"那个人仍然说："我真的做不到。"那个宣称自己"做不到"的人就是个自卑的内向者。

在生活中，内向的人总是对自己说："我做不到。"但其实他们未必真的做不到，只是长久以来形成的内敛习惯让他们说出这种一半是谦虚、一半是自卑的话。如果"赶鸭子上架"，他们不但做得到，而且还会做得不错。可是，他们毕竟不是"鸭子"，不会有那么多人喜欢赶他们。

何况，假如总是生活在一种被驱赶的状态，凡事都需要有人督促与逼迫，这样的人生未免太不自在了。要知道，督促你做的事并不一定是你爱做的，更不一定适合你做，把指挥棒交给别人，就是甘愿放弃自主权。一个人倘若不知道自己要做什么、能做什么，只是一味地随波逐流，就无法找到生命的价值和意义，本来只是三成自卑，渐渐增长为五成、七成。

一个内向的学生即将毕业，大学 4 年，他的专业成绩非常优秀，是教授的得意门生，可是，他却不知道自己能不能找到好工作，因为他很少与人交流，说起话来总是结结巴巴，没有什么自信。他把自己的担心告诉了一直关心他的教授。

"既然你知道自己的问题，就马上改正，说话要自信，做事也要自信。"教授说。

"可是，我并不是不自信，这只是性格问题。如果我总是炫耀自己，会不会让人觉得太张扬、太肤浅？"学生说。

"性格问题？"教授笑了笑，他问学生，"你去菜市场买过水果吗？"

"去过。"学生回答。

"同样的水果，如果一家水果摊的卖主跟你极力推荐'这种水果特别甜、特别好吃！'另一家水果摊的卖主什么也不说，你会买哪一家的水果？"

"会买第一家。"学生回答。

"求职也是同样的道理，只要你有底气，做什么事都应该'自卖自夸'，这不是不谦虚，是争取让别人了解自己的机会！"

"我还是觉得自己做不到。"学生说。

"做不到？我看是你不想做。"教授摇摇头，表示毫无办法。

虽说"酒香不怕巷子深"，但货好也需吆喝。一个性格内向的人就像做买卖从不吆喝的商人，只有极少数人会注意到他。

为什么会认为自己"做不到"？因为缺少自信。为什么会"不敢做"？还是因为缺少自信。既然知道原因，就应对症下药，从各方面弥补这个缺陷，增加自己的胜算。既然想做，就要敢做，就不要怕自己做不到。那么，如何增加自己成功的几率呢？

（1）事前准备很重要

如果对即将发生的事产生畏惧，最好的应对办法就是有备无患。充足的准备能极大地提高成功的几率，周全的计划能让我们少走不必要的"弯路"，详细的步骤能避免过程中的损失，让自己既有"随时准备"的心态，也有"随时计划"的能力，如此就能做好事前准备。

计划没有变化快，事前准备还可以进一步延伸，变为"事中修正"。准备不应该是完成时，而是一种进行时，头脑要始终处于一种活跃状态，随时准备迎接挑战。如果你总是在为即将发生的事做准备，有一种等待验证的挑战心态，就没有时间自卑和犹豫。

（2）向有经验的人请教

如果你对自己的能力始终不安，对自己的方法始终没有自信，不妨走一条既让自己安心，也能提高获胜几率的捷径。你可以去向那些有经验的人询问方法，听取他们的建议。一个人有主见虽然重要，但也要在适当的时候懂得谦虚，从前辈的指教中积累经验。

当然，有时候他人的经验不一定正确，也不一定恰好适用于你，这个时候也不要气馁，也不要责怪他人，毕竟，你也会有收获：知道了一个错误的方法。

（3）坦然面对任何结果

自卑的人最怕面对的莫过于糟糕的结果。一个不合乎心意的结果会让他们否定自己之前的所有努力，面对失败，他们做不到坦然，所以当再一次尝试的时候，他们会产生更多不安、更多裹足不前的理由，进而导致其更加脆弱自卑、更加畏难不前。

对于一个高情商的人来说，最重要的从来不是结果，在过程中收获的经历、喜悦、友谊都远远高于一个结果。何况来日方长，现在的结果并不是将来的结果，现在的挫折也许意味着不久之后的成功。任何时候都要保持积极，不要对自己说"做不到"，而要说："做不到也要试试，就当积累经验！"

4. 完美主义很脆弱，别对自己求全责备

在内向者的世界里，追求完美似乎是永恒的主题之一，一旦面对不完美，他们就忍不住为此烦恼忧愁、耿耿于怀。

他们或许是不曾想过"金无足赤，人无完人"这句话，也或者是根本无法接受这样的"谬论"。当面对自己的缺点时，他们的内心总会觉得羞愧和自卑，总是想尽办法遮掩和逃避，不能积极去面对。

长此以往，这些缺点就成为内向者们心中一块无法愈合的伤疤，

碰不得、去不掉。

　　心理学家保罗·休伊特曾说:"完美主义者其实很脆弱,他们更应该学会适时偷偷懒。"在竞争激烈的社会中,为了保护自己,很多人严于律己、谨小慎微,不容许自己犯下哪怕再小的错误,久而久之,就变成了十足的完美主义者,生活在巨大的压力当中。

　　尤雅丽在两年前进入了现在这家待遇不错的公司,担任经理助理。

　　对于这份工作,尤雅丽很珍惜,纵使加班加点,也毫无怨言。有一次,尤雅丽要去机场接一个美国客户,由于堵车,晚了半个多小时。虽然客户并未有所不满,但尤雅丽却无法原谅自己,为此郁郁寡欢了好一阵,担心被老总"炒鱿鱼",工作起来也有点儿心不在焉。

　　领导看出了尤雅丽的懊恼和担忧,于是给她讲了一个故事。法国一家汽车制造公司的老板在招聘员工的时候给众多应聘者提出同一个问题:在过去的工作中,你犯过多少次错误?很多人的回答都是很少或几乎没有。最后,老板却选择了一个承认犯过很多次错误的人,理由是"我需要人才,而不是一个从没犯过错误的人"。

　　听完领导的话,尤雅丽释然了,并重新积极地投入到工作之中。

　　不得不承认,尤雅丽遇到了一个开明、大度的好领导。如果换作他人,可能尤雅丽就会因为工作中的错误而遭到批评,甚至被炒鱿鱼。尤雅丽的经历也告诉我们，当我们在工作中出现一些过错时，我们要做的就是勇于面对，而不是一味地担惊受怕。其实，不管是在工作中还是日常生活中，错误都在所难免。犯了错误改正后，才能不断成长和提高。我们常常说的"经验"，绝大多数都是在犯错后积累下来的，这是一笔宝贵的财富。

当然，虽说犯错难免，但必须做到吃一堑，长一智。换句话说，你可以允许自己犯错，但不能迁就自己一错再错。允许自己有无伤大雅之过是内心坦然的一种表现；而不允许自己犯相同的错误是通向成功的基石。如果你能将二者巧妙地结合起来，那么你的人生之路将会越走越顺畅。

（1）对自己有一个客观全面的认识

俗话说"知人者智，自知者明"。内向性格的人大都不会骄傲自大，但却常常妄自菲薄。其实这两种想法都是有失偏颇的。只有客观全面地看待自己，才不会因为偶尔的错误而一蹶不振，也不会因为些许成就而让自己飘飘然。

（2）放下完美的"包袱"，不对自己求全责备

如本节开头所述，内向者的一大特性就是追求完美，容不得差错。但人难免会犯错，没有谁总能像精密仪器一样完美无缺。所以，放下"完美"这个看似华丽、实则沉重的"包袱"，不对自己求全责备。告诉自己：只要对得起自己的努力和良心就好，不用太在意他人对自己的评价。

我们自己认为很严重的缺点或问题，也许在别人眼里根本微不足道，甚至压根儿没有注意。就像"焦点效应"所体现的情况一样：实验者让参加此次试验的志愿者们穿上带有特殊符号的衣服进入一个大教室，教室里有很多人。随后，实验者让志愿者预测会有多少人注意到他们衣服上的那些特殊符号，几乎所有的志愿者都猜测至少会有一半的人注意到。但是最后通过调查发现，注意到这些特殊符号的人只有20%而已。

你应该扪心自问：那些在你身上出现的小过错又何尝不像这些符号呢？因此，没必要总是揪着自己的问题不放，而使自己徒增烦恼。

5. 营造自信的气场，打造口才驱动力

当一个人口若悬河且逻辑清晰，我们能够从他身上体会到一种气场，这种气场用两个字就可以概括——自信。

这样的人着实令人羡慕。之所以令人羡慕，很大程度上是由于和他们相比，我们自己在大庭广众之下谈话往往磕磕巴巴、词不达意，不具备说话才能，这也是我们缺乏自信所导致的。还有一部分人，他们说话能力并不差，与朋友、同事闲聊时总是口若悬河、滔滔不绝，但一到关键时刻，例如在会议上发言、与客户谈业务时，他们就无法

发挥好自己的口才，难以吸引听众的注意力，无法让客户签订单。之所以会出现这样的状况，其根本原因在于缺乏自信心。

上述种种，皆是很多内向者当众讲话时的困扰。之所以在说话时吞吞吐吐、心理紧张，大都是因为缺乏自信心。一个人对自己没有自信，就会导致心理紧张，进而造成语言表达上的障碍。所以，从某种意义上讲，建立自信心是内向者提高口才的必修课。

日本著名教育家多湖辉曾讲述过这样一件事。

有一次，他的一位朋友给他打电话，说："我们公司现在急需一名职员，你那儿有没有合适的人选？"恰好，他的一位学生刚刚毕业，也符合条件，多湖辉便让这个学生去面试。

那天晚上，打电话的朋友过来了，多湖辉满以为朋友是要告诉他录取了那个学生的好消息，谁知朋友竟说："你的那位学生看上去能力不错，人品也可以，但我觉得他过于自卑和忧郁，感觉不好，所以决定不录用他。"

一听此话，多湖辉马上意识到这个学生是有这样一个缺点——平常说话细声细气，仿佛是喃喃自语。他对朋友说："你再给他一次面试的机会吧，他其实是个很优秀的学生。"朋友拗不过他，于是答应了。他马上找来那个学生，告诉他说话一定要大声点儿，让人感觉到他的自信。结果，这次朋友的反馈不一样了："我觉得他并不那么差劲，也许第一次面试时，他太紧张了。"最后，这个学生被录取了。

自信是人对自身力量的一种确信,是深信自己一定能做好某件事、实现自己追求目标的一种信念。自信和口才相互作用。自信满满、胸有成竹的人,说起话来很有底气、权威,感染力非常强。即使在很重要的场合,面对很多的人,他们也能将自己心中所想用精彩的语言表达出来,赢得掌声和赞赏。同时,好口才可以进一步提升他们的自信、增强他们的自我感觉和自主意识,让他们在社交中更好地发挥自己的才能,结交更多朋友。

某位著名主持人的口才好是广为人知的,而她拥有好口才的一个秘诀就是自信,用她自己的话来说,她就是用自信和口才"主持"着自己的人生。那么,内向者如何做才能拥有一份在众人面前流畅表达的自信呢?

(1)让微笑的花朵开在你的脸上

如果把说话少这一点归为内向者不利于打开人际网的劣势的话,那么,"微笑"则能帮他们弥补这方面的缺陷。"微笑是疲倦者的休息、沮丧者的白天、悲伤者的阳光、大自然的最佳营养。"保持微笑,不但能让对方产生好感,还会有助于自身消除自卑、建立自信,促使与他人的交谈就可以在融洽和谐的氛围中进行。

如果你觉得自己不擅长微笑,那么不妨每天花几分钟时间对着镜子练习:放松面部肌肉,嘴唇呈扁形,嘴角微微翘起;眼神要柔和,不要皱眉。每天练习3到5次，长期坚持，就会拥有一张甜美的笑脸。

（2）说话大声一点儿

和别人交流时，不管观点正确与否，性格外向的人往往落落大方，声音洪亮地表达自己的想法；而性格内向的人则畏首畏尾，声音像蚊子一样小，时间一长，别人可能就不会再主动去要求内向者来发表观点。因为受到别人的"忽视"，这些内向者大多会自信心受挫，不再主动发表观点，有可能会丧失很多拓展人脉的机会。

（3）练习和陌生人说话

内向者或许在熟人面前能够交流顺畅，但一遇到陌生人就有些不知所措。可是我们在生活和工作中免不了要接触陌生人。内向者要敢于和陌生人沟通，长此以往，自信心就会有所提升，讲话水平也会随之提高，而你获得的生活和事业良好发展的机会也随之增多。

"自信是口才的驱动力"，心中有自信的人，说话更有底气、更有权威、更有影响力。所以，内向者不要再因自己的胆小而感到茫然，而应树立起自信，让自己从自卑的阴影里尽快走出来。

> 第二章
> # 从敏感到独立：内向者如何在外向世界中保持自我
>
> 敏感，是内向者的性格特征之一。敏感的人经常因为他人一句无意的话甚至一个无意的表情而思虑过多，给身边的人带来巨大的压力。别让他人过多影响你的世界，拥有独立自主的人格，是敏感的内向者亟待修炼的课程之一。唯有打磨个性，变优柔为决断，变压抑为释放，了解自己、坚定自己，才能将最美的自己呈现在他人面前。

1. 真正的独立，从认识你自己开始

所有人的生命都需要释放，但释放也有前提，那就是必须要了解自己，只有这样，才知道如何释放、释放在什么方向。在古希腊神庙上刻着这样一句话："认识你自己。"可见早在几千年前，人们就在思索自身的存在。

认识自己包括很多方面：你存在的价值、你处在什么样的环境、你有什么样的能力、你的喜好与弱点……

了解自己就是承认自己，也就是人们说的有自知之明。有自知之明是一个极大的优点，有自知之明的人比一般的人踏实、不浮夸、不浮躁，遇事很少抱怨，同时也有冒险的勇气，但多数时候，他们有

计划、有步骤，按照自己的想法一步步前进，很少出差错。有自知之明的人大多能够通过自己的努力实现自我价值。

了解自己才能够真正独立、真正驾驭自己的情绪，才能有面对现实的勇气。他们知道自己的不足，承认自己的缺点，因此，他们不逞强也不绝望，把困难和挣扎看作成长的过程，一点一点地建立自我。而那些不了解自己的人，因为缺少人格坚实的底座，总是让人不太放心，做起事来，自己心里也容易失了分寸。

有个青年去某公司应聘，面试经理看了他的成绩单，非常满意地点点头，显然对青年的条件很心动。不过，在校成绩只是能力的一部分，经理还需要了解其他方面，他又问了几个专业问题，那个青年看上去有点儿紧张，但答得都不错。最后，经理又加了一个问题：

"告诉我，你的优点是什么？缺点又是什么？"

显然，青年没想到经理会这么问，他支支吾吾，他觉得自己有一些优点，但说不清具体是什么，缺点似乎也有，但也说不出来。

"我想，面试应该有备而来，但你连自己的条件都不清楚，怎么能做事呢？"

青年没有得到这份工作，但他很感谢那位经理，是经理最后的问题让他明白，能力固然重要，更重要的是一个人要清楚地知道自己的能力。

不了解自己是件可怕的事。在工作中，如果不了解自己，就不知道什么是自己的长处，即使有相关的机会也无法主动争取，这就白白浪费了机遇；更可怕的是，如果不知道自己的短处，无法扬长避短，遇到困难的时候才发现自己在某一方面缺失严重，当下便大惊失色，可是晚了，你已经一败涂地了，并因此深受打击。

一个人如果对自己缺乏了解，不但很难面对工作，更无法应对千变万化的生活状态。你永远无法知道下一秒生活会发生怎样的变化，唯有清楚地了解自己，才能"以不变应万变"，在转折来临之时不慌不忙，迈出对自己最有利的一步。想要了解自己并不难，只需要给自己画一张自画像，而画出这张画像，则需要一段时间对自己的细致观察和深入思考。

（1）写上自己的优点和缺点

为自己画肖像，首要条件是客观，既不美化也不丑化。你首先要知道自己的优点，不论是一种性格还是一种技能，只要得心应手，或者被别人称赞过的，都可以写下来。写完后你会发现，原来自己有这么多的优点。

写完优点就要写缺点，在看到很多优点、充满自信的基础上对自己下一次"狠手"，把所有的缺点"扫"出来，这不是一个愉快的过程，你需要面对自己急于回避的阴暗面，但是，此刻只有你一个人，把它们想清楚是为了更好的改善。

（2）学会与自己对话

与自己对话对内向的人来说并不是难事，他们经常自言自语，所以你只需要在这"自言自语"中多加一些实际的人生内容，例如："你喜不喜欢现在的生活？""你能不能做得更好？""今天你做的这件事对吗？是否应该检讨一下？"

与自己对话，实质上是一个内省的过程，通过深刻的自我剖析，找出自己为人处世方面的不足之处，进而找到改善方法，及时纠正。人无完人，但可以通过努力让自己有所改善。

（3）做专业的心理测验

国外的心理机构经过长期试验，设计了很多有见地的心理测验，比如职业性格心理测验、情商测验、抑郁测验，等等，这些专业测验虽然不能达到100%的准确，却能给你一定的启示，特别是当你感到迷茫时，专业会带给你更多的力量。

人的思维经常存在盲点，例如一个习惯用左手的人可能根本不会去想自己的右手更灵活。心理测验能够开拓你的思路，比如，职业测验会根据你的性格提供一些职业选择，那些你听都没听过的职业会给你更多选择，也许就有你未来的成功之路。

与此同时，你也可以通过了解他人眼中的自己来丰富对自我的了解。

（1）直接询问别人对自己的看法

想要了解别人眼中的自己，首先要听取一些真实中肯的看法。

这些看法，来源于那些真正亲近你、了解你的人。要诚恳地向他们提出要求，并强调自己克服敏感的决心，打消他们的顾虑，获得他们的坦诚相待。

有时候，亲友的看法一针见血，但听上去像是一种责备，千万不要有这样的念头，要知道，他们比任何人都爱护你，他们这样说，是希望你更加独立、更加自信。

（2）间接了解别人对自己的看法

亲近的人的意见虽然真实，但出于关爱，也许会隐瞒某些让你不快的东西，这个时候，你需要那些离你较远的人的看法作为一种补充。你可以侧面打听别人对你的看法。别人的评价未必中肯，甚至还有误解，但那都是你在别人眼中的形象，是否愿意改进在于你自己。

（3）以对手为标杆，寻找差距

需要特别注意的是，你一定要知道你的对手对你如何评价，他们恐怕是最了解你的人。如果很难得到对手的评价，不妨仔细观察对手，你们之所以能够抗衡，如果不是因为太过相似，就是因为太过不同。在的对手身上，你看到的他的缺点可能也是你的缺点，又或者，他的优点就是你的不足之处。

在寻找自我的过程中，要记住了解的目的：为了对自己有更多的认识。不要因为别人说你一句不是就怀恨在心，也不要因为别人的一句夸奖就扬扬得意，别人的谈论只是构建自我人格的材料，你可以采纳，也可以弃之不用。一个人如果能拥有海纳百川的气概，他的心态就会越来越好，人格也会随之健全。

　　生活在外向世界里，要树立的形象既应是自己希望的，也是他人眼中的，一味地纵容自己难免偏颇，一味地迎合别人就会失去风格，两者结合才是最佳。此外，尽管在完善自我的过程中要参考别人的看法扬长避短，不断提高自己，但生命的意义并不在于他人怎么看，而是依从本心，踏实生活，在生活中发现自己、强大自己，这才是实现人格独立的关键。

2. 越是内向的人，越要表明态度

　　内向者在实际交往中总会遇到一个难关：表态。

　　我们也许有过这样的经验：让内向者表态，但他们总是吞吞吐吐。不要因此就认为他们没有思考能力，其实他们可能满肚子学问、很有见地；你想让他们说出一句爽快的话，他们想了半天才说一句："我觉得××的意见挺好。"让人恨不得揪住他们的耳朵说："如果××的意见足够好，我问你干什么？"

　　致使内向者无法爽快表态的原因有3个：首先，他们克制不了自卑意识，担心说出的话不被重视和接受，不如不说；其次，他们对表态这个行为非常谨慎，考虑很多，迟迟不表态；最后，一旦别人表了态，他们考虑的事情就更多：例如说话会不会得罪人、会不会让人难以接受，等等，于是干脆不表态。就因为如此，内向者经常给人一种唯唯诺诺的印象。

表态同样是一种释放，在心里有主意是不够的，如果无法把自己的主意说出来并付诸实践，它仅仅只能是你的一个念头。内向者很容易被人控制情绪，所以你更要在被影响之前先发声，奠定自己做事的基调，如此一来，才能坚定不移按照自己的方向前进。否则就会变成别人说什么你听什么，别人做什么你附和什么，似乎完全没有主见。

森林里有一只内向的狮子，它有点儿胆小，不爱说话，听到风吹草动就吓得逃命，常常让其他动物哭笑不得。不过，这只狮子温和又善良，不像其他巨型动物那样动辄耀武扬威，森林里的动物都很喜欢这只狮子。

乌鸦最喜欢找狮子聊天，聊着聊着就开始吹嘘自己的歌喉，然后唱歌给狮子听，乌鸦的嗓子嘶哑，唱起歌来没有调子，狮子听着非常痛苦。因为不想伤害乌鸦的自尊心，狮子从来不对乌鸦提出意见。

没想到乌鸦越唱越起劲儿，每天都要对狮子唱上几个钟头，还对狮子说："我终于发现我是个天才歌手，有一天当我像夜莺一样开演唱会的时候，一定让你坐特等席！"狮子唯唯诺诺地答应着，心里却苦不堪言，心想，究竟什么时候才能不听乌鸦难听的歌呢？

内向者常被人评价为"老实""实在",就像故事中的这只狮子,耐着性子一次一次地听乌鸦唱歌,有些人也许会认为它善良,也有人会暗自笑它自作自受。明明别人做了让自己不满的事,却不去指责,也不去提醒,这会给对方造成一种错觉:他不讨厌这样。因此,结果也只能由这个不表示明确态度的人承担。在这个故事中,错者不是乌鸦,而是狮子。

很多时候,内向的人在表态时因为不知如何说话,于是干脆选择沉默,却忘了有句话,"沉默就等于默认"。你真的想"默认"吗?如果不想,就要说句拒绝的话。不表明态度,就会被认为是没有态度,继而认为你没有主见,什么事都不必问你。事实上,没有态度的人经常被人忽视甚至轻视。

越是内向的人越要表明态度,这也是实现人格独立的一个重要步骤。想要别人正视你,就要有属于你的声音;想要别人重视你,就要展现出自己的优秀。学会对人对事表明态度是获得他人尊重的第一步。那么,内向者如何更好地表明自己的态度呢?

(1)明确地说出喜好

在谈话中,什么话题最能代表一个人的性格?恐怕要属他的喜好。一个做什么都"随便"的人,不会让人感觉随性,只会让人觉得他没有主见。与其如此,不如直接说出自己的喜好。喜欢就说喜欢,不喜欢就说不感兴趣。其实,每个人都有尊重他人的意识,只要说出自己的喜好,别人在和你交往的时候就会有所注意,让你们的关系更加融洽。

（2）注意表态时的方法

表态时需要注意方法，表态并不是要与人作对，即使你与对方的观点相悖；表态也不是誓师大会，即使那代表了你的决心。表态时，声音需要坚定，但也不需要提高声调、情绪激动，此外，神色不要闪躲、慌张，那都会让人觉得你的表态是不坚定、不能被信任的。

（3）勇敢维护自己的权利

内向者常常吃亏，一半是因为他们的好脾气，一半是因为他们自己不懂得维护应有的利益，有些时候甚至不知道自己吃了亏。比如，他们付钱买了货物，售后原本就是商家的责任，但当货物出现问题，他们不能理直气壮地去找商家，反倒想自己会不会给店家添麻烦。虽说"吃亏是福"，但我们依然有必要维护自己应有的权利，这不是为他人着想，而是在某种程度上纵容了他人继续犯错。

表明态度是实现人格独立的开始，当你学会面对抉择、说出抉择，也就是直面责任、承担责任。内向者通过表达立场，逐渐改掉回避问题的习惯，当他们越来越多地发出自己的声音，他们的地位也会随之升高，在这个过程中，他们也会成功地进入外向世界。

3. 别把自我价值附着在他人身上

在商场里，我们常常看见这样的场景：一个女孩正在试衣服，旁边有人说了句："皮肤这么黑还穿花衣服啊？"女孩便会立刻扔下那件衣服，根本不会想那个被说的人是不是她，她穿这件衣服究竟好不好看，她失去了自己的判断力，也完全抛弃了自己的选择权。

为什么有的人会如此敏感？因为他们太在乎别人对自己的看法，并把这些看法作为评价自己的标准，他们认为自己是否有价值就在于别人是否赞同。如果他们今天收获身边人的一句夸奖，他们就会觉得自己不错；如果他们明天听到身边人的一句批评，他们又会觉得自己差劲透顶。夸奖的人多了，便自我膨胀；批评的人多了，便自我贬低……总之，他们因敏感而形成了一套并不准确的价值观。

极度敏感的人的生活重心不是自己，他们最在乎的不是自己的事业、自己的生活，而是别人的一句评语。他们希望自己的成就、事业和生活能够得到他人的肯定。这是一种掺杂了虚荣心与自尊心的敏感，因为他们把自己看得很高，生怕理想和现实之间产生落差，于是就按照他人的评价拼命弥补，生怕自己不合格。

安娜是个有点儿自卑的女孩，她总是觉得自己不够漂亮，比起同龄的女孩子少了一份活泼开朗，在女孩子们参加舞会的时候，她常常窝在家里看书。

圣诞节那天，姐姐要在家里开一个圣诞舞会，她给安娜发了请柬，又送给安娜一个漂亮的发卡。那个发卡是亮丽的橙黄色，做成蝴蝶的形状，镶了明亮的碎钻，在灯光下闪闪发光。安娜一下子被这个发卡吸引了，她觉得只要戴上这个发卡就一定能够吸引别人的目光。于是，一向对社交活动敬而远之的她决定戴着它去参加圣诞舞会。

舞会进行得很顺利，大家都夸安娜很漂亮，有很多受欢迎的男生主动来请安娜跳舞，还殷勤地问她的电话，安娜一下子对自己有了信心，她相信，这都是那个发卡的魔力。

安娜开心地回到家，妈妈对她说："你真是粗心，你的姐姐那么费心地帮你买了发卡，你竟然忘记佩戴。"安娜这才发现，她根本没把那个发卡戴到舞会上。

安娜这才明白，有魔力的不是发卡，而是自我肯定。

安娜是个幸运的姑娘，她及时发现了自己的"美"，如果她一直认为，自己的幸运来源于外在因素而不是自身的魅力，那么她即使有了自信，这份自信也是附着在其他东西上，并不是真的自信。

敏感的人必须正视自我价值，即使现在能力有限，也要看清自己的优点、承认自己的缺点、认可自己发展的可能。不要让别人来定义你，更不要因为别人的一句话就影响你的人生走向，生命的意义要靠自己来创造，否则，生命就是一种附庸、一种浪费。那么，如何确定自我价值意识呢？

（1）独立的价值观高于一切

想要确立自我价值意识，首先要有独立的价值观。独立的价值观就是承认生命中最重要的东西就是自我的存在，要相信自己是独一无二的个体，自己的存在有独特的价值，谁也不能抹杀和否认。

（2）对事物要有自己的看法，不要人云亦云

脆弱的人往往因为没有主见，而习惯听别人的看法，再把别人的看法作为自己的看法加以转述，这其实是一个相当糟糕的习惯。独立的人拥有辨别的能力，更有自主的思考意识。表达自己的思想与观点，才能让他人了解真正的你。同时表达自己本身就是在培养独立意识，因为每个人都应对自己的言论负责，这会让你对言论有端正的态度，你需要在仔细思考、详细调查后，发表出真正有见解的看法。

（3）培养自己的优点，让自己变得独特

人的生命只有一次，世界上也只有一个你，这决定了每个人的独特。但在茫茫人海中，人与人又有很多相似之处。想要在群体中脱颖而出，你需要有自己的优势。它可以是事业上的能力，可以是感情上的亲和力，也可以是会煮饭、写字飘逸……优势没有大小之分，只要功夫深，都能显出你的卓尔不群。

没有人一无是处，就算你现在觉得自己不完美、有缺陷，这也

不要紧，通过努力，你就能建立起属于自己的王国，让自己拥有夺目光彩。

4. 优柔寡断等于放弃了决定权

很多内向者都有这样的经验：面对一个选择，虽然自己心里有倾向，却无法确定、不知道哪一条路更好，总想去问问别人的意见，如果别人能很肯定地对他说："就这么做！没有错！"他们心头就放下了一块大石，忙不迭地照办。他们的果断不是自己的，选择也不是自己的，在多数事情上，他们第一时间想的都是"谁能告诉我怎么办"，这就是人们常说的优柔寡断。

优柔寡断的人在内心深处希望自己永远不要失败，这就造成了行动上的拖延。不选择，就是还没失败，他们有时也会这样安慰自己："我并不是在拖延时间，只是为了想得更周全。"其实在很多时候，想得越多，就越难作决定；时间拖得越久，事情被耽误得就越严重，到手的机会也可能在拖延中悄悄溜走。优柔寡断的人害怕选择，其实是害怕承担不好的结果。

优柔寡断的人还有一个特点，就是"乖"，因为害怕选择，所以恨不得所有事都有人为其做决定。当别人做出决定，他们习惯立刻执行，这让那些爱指挥的人很有成就感，但是谁能一生都为另一个人做决定呢？

　　林岚从小就是乖乖女，在家凡事都由父母做主，在校听老师说的每一句话，她从来都没有自己拿过主意，就连每天身上穿什么样的衣服都要，由妈妈决定。

　　上大学以后，林岚的生活没有改变，就连交什么样的朋友也要先问妈妈，等到妈妈点头之后才会与他人接触。有一次，宿舍要组织春游去郊区，正当大家准备出发，林岚却说她没打通妈妈的电话，没有经过妈妈的同意，不知道能不能去，这让宿舍的其他人笑得前仰后合。

　　也许就是因为凡事都无法定夺，工作后的林岚总是优柔寡断，很多事不能及时找妈妈商量，身边也没有朋友，于是她瞻前顾后，对工作中遇到的问题一筹莫展，对人际关系也不知如何把握，在社会上，林岚几乎寸步难行。

　　一个决定意味着一次选择，选择无论大小，都会对人生产生或多或少的影响，故事中的林岚从来没有选择，或者说，她只有一个选择：听妈妈的。渐渐地，她失去了分析问题的能力，失去了分辨喜好的能力，更甚者，她失去了与人交往的能力、失去了工作的能力……

　　习惯凡事都听别人的、希望别人能为自己负责，实际上就是在推卸责任，这样的人不但长不大，也很难有好的发展，因为他们的人生道路都要靠别人铺设，一旦那些铺路的人不在了，他们便完全没有承受能力，只能对着现实仓皇失措。所以，一定要改掉优柔寡断的毛病，学会凡事由自己做决定。让我们看一下果断的人是如何做决定的吧：

（1）在心中反复衡量，有舍才有得

当我们需要决定一件事的时候，首先要在心中这样问自己：可不可以做？做与不做的后果是什么？自己有多少胜算？自己能不能承担选择的后果？如果答案大多是肯定的，就可以果断行动，否则就要干脆放弃。任何拖拖拉拉的行为都会增加事情的难度。

对于一件事，之所以会反复衡量，是因为事情不是那么单一，有得到必然有失去，在取舍之间造成了犹豫。要知道，有得必有失，我们的生活就是用一些东西去换另一些东西，关键在于你更看重什么，不要妄想什么也不会失去，那样只会让你失去更多，也不要以为不做决定就能维持现状，那只会让你被现状推着走，而且会剥夺你的自主权，让你越走越糟。

（2）做决定时要果断

果断是优柔的克星，做决定的时候不要左顾右盼，不要朝三暮四，不要缩手缩脚，一旦下定决心就要有这样的意识："我要这么做，谁也不能改变我，就算失败，这也会是我的宝贵经验。"如果做任何事都有这种意识，你就能摒弃优柔敏感，逐渐变得自立果敢起来。

此外，人的决策水平与他的知识结构及社会经验有直接关系，知识与经验越多，决策力越强，所以你不必为自己经常办错事而忧虑，从那些错误中积累经验，不断充实自己的学识，要记得有识才有胆，有胆更有识。

（3）遇事冷静，不要慌乱

生活中总会出现一些突发事件打乱你的阵脚。当你习惯于事事计划，做好细致工作，万事俱备只待东风时，西风却突然猛烈地刮了起来，且越吹越厉害，足以让你焦头烂额，一时之间不知如何是好，抱怨和哀叹也就成了情理之中的事。

其实，少许的抱怨与哀叹是有利于情绪释放的，但释放过后，还是要立刻打起精神来思考解决办法。首先要排除外界的干扰，稳定住自己的情绪，分析事情之后采取果断的行动来解决问题，要记住，当你认为糟糕的时候，做些什么总好过什么也不做。做些什么，你也许会找到转机，或是弥补一些损失；什么也不做，事情就会越来越糟，直到你完全被动，再也扭转不了局面。

每个人在任何时候都不要放弃自己的决定权，因为那代表了自己的立场和选择，这种坚持也代表了我们对命运的把握。有时候，我们难免因选择而伤感，但伤感不是优柔寡断的理由。要记住，当你想得到的时候，首先要学会的就是放弃。

5. 你需要依赖自己，而不是第一时间向他人求助

每个人都希望身边能有个可以依赖的人。依赖他人并不是错，错在过分依赖，把对方当作自己思想的一部分，需要借助对方才能做事。就像一个残疾人，失去拐杖就不能走路，就寸步难行。这与独立的含义背道而驰，想要独立，就不能过分依赖除自己以外的其他人或物，或者说，一个独立的人过分依靠的事物只有一件：自己的能力。

美国石油大王洛克菲勒的孙子曾经讲过这样一件事。

在他还很小的时候，有一次在花园爬梯子玩，他的个子太矮，爬不上高高的梯子，但又想站在梯子上俯瞰花园，于是他向自己的爷爷求助。

洛克菲勒爽快地答应了他，扶着他的身子让他一步一步往上爬，可是爬到一半的时候，他突然发现爷爷的双手松开了，他一慌，脚下踩不稳，整个人滚了下去，摔得鼻青脸肿。从此以后，他明白谁的帮助都不可靠，只有自己才是靠得住的。

长大后，当他再一次和爷爷提起这件事，洛克菲勒承认他是故意松开了双手，他想让年幼的孙子明白：凡事要靠自己，不要依赖他人。

很多人不愿意接受这样一个事实：没有人能一直帮助你、保护你，大部分的路程都是需要一个人走完的。而告诉你这个事实的人往往是真正关心你的人，就像故事中的洛克菲勒，他疼爱自己的孙子，害怕孙子在温室中失去独立的能力、失去对事物的体察与洞见，所以在他很小的时候就告诉他，人必须依靠自己，而不是在遇到困难的时候一味地向他人求助。

何况，看别人吃饭，并不能填饱你自己的肚子。寄希望于别人，如果那些人刚好要忙自己的事，你还做不做事？或者，你还能不能把事情办成？如果答案是肯定的，那么既然自己能做好，为什么一定要麻烦别人？如果答案是否定的，你首先要检讨自己的能力，考虑如何提高自己才能成功，而不是把责任推卸到别人身上。

想要拥有独立人格，必须放弃对他人的过度依赖，这些依赖既包括行动上的求助，也包括心理上的遵从。如何让自己一步步独立起来？可以参考以下的方法：

（1）不要总是希望别人来帮自己

首先，你要弄清楚一件事：别人没有义务围着你转，别人对你付出是一种情分，而不是必须要做的事。总是希望别人帮自己做事的人有一种以自我为中心的心态，他们总是把自己放在被帮助的地位，这实际上是一种示弱。

何况，当你将自己应该完成的事交给别人时，你同时丧失了一个学习成长的机会，这是你自己的损失。一时的省事会造成长久的惰性，一旦帮助你的人不在了，你就会觉得自己连最简单的事都做不好，这样的结果想必你我都不想遇见。

（2）不要总是听别人的意见

依赖不仅体现在行动上，在更多的时候，依赖更是一种情结、一种对他人意见的深信不疑，一旦少了这些意见，你就会再也拿不出主意，就像是个没有颜料的画家、没有汽油的赛车手、没有木头的雕刻师……有时候，你面对很多别人的建议，但你不知道如何选择，你习惯了相信这些人，当他们意见相左时，你自己也会出现思维混乱，这就是过分依赖带来的坏处。

（3）要有独立思考能力，拿出自己的主意

人必须学会独立思考，有了自己的主意才能放下拐杖、独立做事。独立思考的能力是根据自己现有的经验去判断事情，得出对与错、善与恶、行与不行等结论，如果思考得更深入，你也能分析出它的成因和发展趋势。也许此刻的你还没有那么深厚的分析能力，但随着你思考的深入，这种能力也会一步步加深。

有些意见对你有好处，有些意见未必适合你，你不需要对任何人言听计从，是时候按照自己的想法做事了，即使你因为自己的想法摔了跟头，也会在摸爬滚打中总结出自己的一套经验，人生不就是不断跌倒又不断爬起来的过程吗？

第三章
独处与共处：内向者如何走出内心的孤岛

孤独感在我们每个人身上都存在，只不过内向的人会多一些、会持久一些。这种滋味显然并不好受，所以很多内向者都在寻求解决孤独的良药，以使自己驱散这种难以名状的痛苦感受。其实，天底下没有什么是无法克服的困难，更别说那份自以为是"与生俱来"的孤独感。

1. 人人都会感到孤独

由于内向者性格特征的影响，使他们会比外向者更容易感受到孤独。当被孤独感包围的时候，人的精神状态会处于一种低迷、消沉、痛苦的境地。很多内向者都在寻求一剂解决孤独的良药，以使自己驱散这种难以名状的痛苦感受。

齐刚强是个 22 岁的大男孩，他的个性和他的名字很不相符，在一篇网络日志中，他这样写道：

一直以来，我都处于一种极度的孤独感之中。在我的身边，几乎没有一个朋友，我渴望友谊，但不知道怎么与他人相处。

从小到大，我就是个内向的人，不喜欢主动与人交往，这不是因为我个性高傲，而是我很难融入群体，但其实我很渴望融入群体。

我是个非常害羞的人，与人说话会脸红，尤其和女孩子说话的时候。老实说，我从小就很自卑，这可能是因为我太追求完美了。

我也知道，现实生活中并没有真正完美的人和事，可是，只要达不到我自己的心理渴望，我就会感到自卑，我还常常拿自己和别人比较，往往比一次就伤心一次，看着别人的成功、自己的失败，我就更加不敢与人交往了，我就变得更加孤独。

我为自己的性格感到哀伤，我很想改变自己，让自己成为一个开朗的人，可是我发现自己的心伤得太多了，已经没那么容易改变了。我十分渴望友情、爱情，但我从来就不曾拥有过这些。结果，美好的爱情只能在心里虚构，纯洁的友谊也只能说说而已。随着年龄越来越大，我的孤独感也跟着越来越重，我不想一辈子一个人吃饭、一个人看电视、一个人生活，可我却不知道该怎么改变这一切，也不知道该用什么方式来安慰自己的心灵，最后只能抱怨命运不公、抱怨上苍偏心……

从齐刚强的自白中，我们能感觉到他内心深刻的孤独、无奈、恐惧、彷徨，同时也体会到他内心的挣扎。他迫不及待地渴望摆脱现在的处境，渴望有人理解自己，希望找到生活的价值和意义所在。

从这点我们可以看出，齐刚强在内心深处虽然遭受着折磨，却依然保存着强大的力量，这股力量支撑着他走到现在，我们只能希望他早日寻找到好的方法，尽早从这种孤独情绪中脱离出来。

鲁迅说过："不在沉默中爆发，就在沉默中灭亡。"孤独者也是如此，不在孤独中爆发，就在孤独中沉寂。人生是五颜六色的，有白天的光明，也有夜晚的黑暗，更有花红柳绿、翠鸟黄莺，只要用心去看，人生就是五彩斑斓的画卷，而孤独只不过是人生画卷的一种颜料，懂得运用的人就能将这笔色彩渲染得淋漓尽致。

其实，孤独感在我们每个人身上都存在，只不过内向者会多一些、会持久一些，而外向者则相对会少一些、持续的时间短一些。换句话说，和内向者相比较，外向者更容易战胜孤独。英国作家笛福笔下的那个具有顽强的毅力和斗志的名叫鲁滨孙的人就是一个典型的案例。他用他的亲身经历告诉人们：天底下没有什么是人类克服不了的困难，当然也包括那份与生俱来的孤独。战胜孤独，是一种长期的心理修炼与性格磨砺，是旷日持久的与自己斗争的过程。鲁滨孙带给我们的不仅仅是他挑战自然的勇气及自力更生的斗志，更是他无论如何都不放弃自己的信念，正是因为这股信念让他满怀希望，最终战胜了孤独。

其实，人人都会受到来自孤独感的折磨。那么，更容易被孤独感找上门的内向者从哪些方面努力可以克服这种孤独感呢？

（1）积极暗示，相信自己及他人

孤独是一种情绪，既然是情绪，那么就是由主观因素造成的。内向者之所以更容易孤独，其实在很大程度上是因为他们自己。内向者由于更容易消极悲观，在遇到一些人或者事的时候，常常设想自己孤立无援、不受欢迎，甚至表现得胆小怯懦，这样一来，就会更加孤独，也更加害怕孤独。因此，要想克服孤独感，内向性格的人首先要相信自己及他人，多给自己一些积极的暗示，比如自己待人友好，而别人也会给予同样的回馈；或者自己应该成为一个勇敢无畏的人，而坚决不要做胆小鬼，等等。

（2）努力寻找人生中的快乐，找到生活的意义

如果做一下统计，恐怕内向者对于生活的满意程度要低于外向者。在我们的日常生活中会存在这样一群人，他们单独生活却并不感到或很少感到孤独，而这其中的奥秘就在于他们对自己、对生活感到满意。如果你还没有树立起某种生活意义，你就会感到孤独。因此，内向并不是造成孤独的决定性因素，只要你善于发掘生活的意义，那么孤独感就会和你说"拜拜"。

（3）放下包袱，扩大交际圈

交际似乎是内向者难以逾越的一道深深的滑沟壑，他们总会因为各种各样的借口而拒绝参与交际活动。很多时候，我们期待着别人主动采取恭维、赞许和安慰的方式来迎合我们，自己却又因为害怕而逃避这种主动送上门来的人际交往，此时孤独感就会油然而生。如果我们因为怕受到伤害，或因为曾经的阴影而无法踏出这一步，就永远没有办法摆脱孤独感。

要想摆脱孤独感，内向者有必要每天拿出一点点时间来尝试接

触他人，培养与人交往的习惯。你可以先从某一个人开始，比如，邀请别人和自己一起做事、一起活动，这就会使你找到自己所需要的同伴。当你尝试着去信任别人，你就会发现，可以如此简单地交上朋友。接着，勇敢地去参加集体活动，成为集体中的一员，和他人一起分享快乐、一起承担责任和痛苦。慢慢地，友谊已经悄悄地来到你身边。

有希望就不会孤独。所以，为了不让心灵上的孤独成为你的绊脚石，从现在开始，试着用自己的信念与希望去打败它，你就能够成功。

2. 不要让孤独成为人生的障碍，学会与孤独为伴

某著名作家说过："真正的寂寞是一种深入骨髓的空虚、一种令你发狂的空虚。纵然在欢呼声中也会感到内心的空虚、惆怅与沮丧。因此，作为现代人，敢爱也要敢恨，能耐住生活的寂寞，也要懂得享受生活中的快乐。"

我们可以将"享受生活中的快乐"理解为在寂寞中享受快乐、在孤独中享受快乐。而这正是独处的初衷。

一位大学新生入学后，老师对她说的第一句话是："不要把大学

想得过于美好，你很快就会感到孤独，所以要先学会独处。"这位同学听了十分奇怪：偌大的校园里到处都是充满活力的年轻人，在他们中间，怎么会感到孤独呢？

没过多久，她就深切地体会到了老师所说的话的真正含义。当欢闹的迎新生活动结束，当好奇与新鲜感慢慢褪去，她遇到了许多从未遇到的事情、发现了许多不知如何处理的问题，她无法自己解决，又不好向别人倾诉，因为每个人都有一堆事情需要做，无人有闲暇顾及她。她终于明白，繁华的后面是无语的寂寞，喧嚣的背后是难耐的孤独。

这种状态是令人痛苦的，这种生活是无法承受的，因此，有一段时间，她心烦意乱，无心做任何事。于是，她开始到处寻找答案，阅读、写作、跑步……在一个人独处的日子里，她找到了一个心灵的居所，她开始了一生当中最长时间的独自思索，慢慢地适应了这种状态，甚至发现独处竟然是一种难得的幸福。

与故事中这位女大学生情况类似，或许很多内向者都曾感受过或者正在感受着，然而，未必人人都会如她这样，在经历一段时期的孤独之后，寻找到适合自己的独处方法，重新焕发活力。

实际上，独处是一种心态，也是一种习惯。独处的时候需要面对自己，这样才能不断地分析自己，在独处中体会人生的真谛。学会了独处，就表示你已向成熟迈出了坚实的一步。不要让孤独成为你人生中的障碍，要学会与孤独为伍，学会独处。以下几点值得大家借鉴：

（1）回归自我，为自己找一个独处的空间

学会从繁杂的外部环境以及纷扰的人事关系中抽身而出，可以是一个僻静的屋角、一棵浓郁的老树、一泓清泉的岸边……总之可以是一个不被别人打扰的地方，让其作为你心灵栖息的屋宇、梳理心情的场所。独处让你能够正视自我，从而不逃避、不急躁，平和地体验与理解自我的心态。

（2）把孤独当成一朵绝美的花

玫瑰之所以格外芬芳和艳丽，是因为它浑身长满了保护自己的刺。孤独也是如此，它就像一朵绝美的花，为了躲避大多数人的打扰而选择用尖刺作为伪装。能够看到藏于孤独深处的内在美丽的人必然能够享受其中；而那些只能看到有尖刺外表的人就可能选择敬而远之。

正如科学家巴斯德说："告诉你我达到目标的奥秘——坚持孤独精神。"可是如果你把孤独当作无聊的乞丐加以打发时，你便更感到寂寞。正如诗人所言"自卑的孤独者是世界上最可怜的人"。

（3）享受孤独

享受孤独的方式有很多种，你可以从事自己最擅长且能激发所有兴趣的活动，比如旅游、爬山、打球、交友、探亲等；你还可以全身心忘我地投入到工作或活动中；再或者，你可以选择走出孤独，如读一本好书、思考一下人生哲理。孤独中的你才能找到属于自我的空间和时间，想一想自己的今天和未来。孤独让你学会静心修养，懂得谋定而后动才是一种成熟的表现。

如果无法回避孤独，就不如享受一番。人生在世，谁都难免孤独，与其在孤独中无趣地打发时光，不如在孤独中把生活调节得有滋有味，品味一份属于自己的宁静、思索一下人生的真谛。

（4）与自己对话

远离了喧嚣与繁杂，只有在独处的时候我们才会听到自己内心的声音，会和自己进行对话。这个时候，你心底浮起的声音就是在喧嚣与繁杂中无法感知的的底话，它虽然无声无息，却能够震撼你的心灵。在它的引领下，你会反思人生的过去、畅想美好的未来，叩问自己的灵魂。当你在内心深处呐喊"我是谁？我从哪里来？要到哪里去？"当你对这些问题做出回答的同时，或许会获得焕然一新的生命信息。

对内向者而言，独处的机会和能力比外向者更强。而一个能够经常独处的人，其内心一定不会贫乏，他对生活的感受与体验力一定过于常人。我们看到很多话语贫瘠、文字苍白的人，主要原因就在于其不会独处。独处的奥秘就在于让你直视自己的内心，以自我审视的方式认识自己、呈现自己，这样你就不会受孤独摆布，从而迷失自我，因为你已经拥有了自我。

可以说，独处是一段心路历程，当走过去，你会发现当时的沮丧心情会重新迎接暖阳，当时的懊恼心灵已经接受了新一番的洗涤，越发澄澈、明亮。

3. 在独处中恢复精力与活力

内向者有时会检讨自己的交际态度，比如，休息日到了，为什么大家都想着聚会、一起参加登山或跟团旅行，自己却只想找个没人的地方轻轻松松地睡个觉、想点儿不着边际的事，根本不想与人接触？难道是因为自己太孤僻、太懒惰？这种担心纯属多余，喜欢独处是内向者的个性之一，也是他们生活中必不可少的一部分。内向者与外向者不同，外向者喜欢在热闹的娱乐空间里释放压力、找回自己；内向者却喜欢在独处的空间里一点点地抚平内心的起伏、忘却日常的烦恼，从而恢复活力。

有些内向者虽然已经成年，但他们内心的某一部分仍然保持着童真状态，他们希望借由独处重温儿时的那些梦想，让幻想漫无边际地遨游，让自己始终洋溢着活力。

有些内向者倾向于在一个人的空间里思考，他们会把一些平日想不开、捉摸不透的问题在独自一人品一杯茶的时间里慢慢消化，让纠结的思维豁然开朗。

有些内向者习惯自省，他们总会定期找时间远离他人，静下心来反省自己的所作所为，思考有什么地方做得不好，以便改正；在什么地方需要提高、需要努力……对于内向者来说，适当独处是他们调整自我的方式；对于所有人来说，有意识地独处有助于身心健康。

"独处空间很重要。"这是一个大学教授经常教导学生们的话。

这位教授很注重独处空间，下课后，他会留下来回答学生们的问题，也会抽空和学生们一起聚会谈心，每周也会有固定的时间和同一办公室的老师联络感情。但在多数时候，他喜欢一个人坐在家里的书房，有时候看书，有时候什么也不做，只是坐在书桌前思考。

他的这种习惯维持了很多年，特别是在遭受了重大失败或者要面对重要选择时，他更需要这样的独处空间让自己的思维完全"冷"下来。独处的时候，他想的并不是面临的困难，而是一些无关的事，比如，花园里的树木的种类、某小说里的一个不起眼的人物或者星期天要去欣赏的画展。

"独处能够让你心情放松，就像一个压得太久的弹簧，让它自由自在地活动一会儿，它会更有弹力。"教授一直这样认为。

当现实生活太过劳累的时候，为什么不给自己找一个缓冲地带？在这段时间里，你可以做一切想做的事，远离工作、远离人际、远离烦恼，只要你愿意，你可以像小孩子一样在草地上打滚，做别人看上去幼稚、不可思议的事，从而让自己哈哈大笑，不知不觉中，你便可以体会到小孩子才能得到的快乐，从而精力充沛。

专家们总是提倡人们要有健康的生活方式，这种方式包括工作也包括休闲，要重视工作与休闲中的身心调节与人际和谐。适当地独处也是生活方式的一种，只要控制好尺度，任何人都能拥有高质量的独处空间。

（1）独处需要安静，要尽量避免出现干扰因素

独处的时间可长可短，但要记得独处的关键就是"独"，要有一个相对独立的空间。"独"并不是说在这个空间内只能有一个人，而是要保证即使有其他人，也是不会打扰你的人。国外的很多作家经常在人来人往的咖啡店写作，只要没人干扰，他们就处于一种"绝缘"状态；相反，如果一个人待在房间，电话一直在响、外边一直有人在叫你，你很难静下心，这就不算独处。独处时需要有安静的心情，才能保证思维的空灵和不被人打扰。

（2）不要把日常烦恼带入独处的时间内

为什么周末到来的时候，有人开心，有人却愁眉不展？因为前者想到的是睡懒觉、出去游玩、看电影，后者想到的却是堆积了一周的家务，未来两天的时间恐怕都要奉献烦琐的劳动，这样的人怎么能不累？

独处的人最在乎的就是一份远离琐事的心情，如果在独处的时候还要想着早上煎煳的鸡蛋、厨房里没清洗的碗筷，独处就变成了另一种劳作，非但不能让你轻松，反而让你在休息的时候倍感劳累。

独处的要义就是远离日常烦恼,把烦恼暂时抛到脑后。只要心态好,即使你在打扫屋子,也同样能享受到独处的乐趣。

(3)独处不需要计划,只在乎心情

有人喜欢制订计划,把自己的人生分成若干份:5年如何、10年如何。他们还会把时间精确到每一天、每一个小时,甚至连轻松的独处时间,他们也会定下某年、某月、某日几点到几点、要做的事是什么。

这种"为独处而独处"的个人时间带有目的性,违背了独处的初衷。独处应该是随意的,工作中开个小差、听一首歌是一种独处,如果刻意挤出时间去听这首歌,心里还想着听完歌以后马上就要工作,那么,这首歌未必会给你带来愉悦的感受。独处时在乎的是一份心情,虽然我们不能随心所欲地生活,但也不要处处用计划捆绑自己,至少在独处的时间内要尽力舒展自己的个性,让它得到放松和满足。

(4)要独处,也要记得与人沟通

常言道:过犹不及。独处有很多好处,但独处过了头就会变成危害。过分沉浸在自己世界的人难免沉溺于幻想,过分执着于自己思路的人容易死钻牛角尖。独处过了头,也许就养成了孤僻的性格,所以,独处要适时、适量。

4. 走出自我小世界的温暖堡垒

如果你问一个外向者："什么时候你觉得最快乐？"他们的回答可能是旅游、聚会、逛街等，在他们看来，真正的快乐既要让内心充实，又要感受外界的热闹，这才是一种两全其美的快乐。如果把同样的问题给内向者，他们的回答往往是读书、一个人散步、听音乐等更偏向于私人性质的活动，在他们看来，快乐是最单纯的个人情感，与外在世界无关。

内向者喜欢在自己的世界寻找快乐、获得快乐。他们从小就喜欢活在自己的世界里，一切以自我为中心，按照自己的心愿，用这种方法得到自己最需要的宠爱，并沉浸其中不能自拔。在他们看来，自己的世界最安全也最快乐，即使到了成年阶段，他们仍然不时地在自己的世界里偷个闲、喘口气，以抚慰在外部世界"备受折磨"的灵魂。

还有一些内向者，他们无节制地生活在自己的世界中，对周围的一切熟视无睹，不论周围发生什么，他们都是一副事不关己的样子，这样的人就是人们常说的孤僻者。孤僻与自闭不同，自闭是因为过度封闭而丧失了最基本的应对外界的能力，而孤僻者有这个能力，却宁愿袖手旁观，只在自己的小世界里找快乐。事业生活、经济压力，这些现代生活必不可少的话题无法体现在他们身上，他们只注重自己的精神世界，只想维护自己的小天地。

英国作家巴利有一篇著名童话叫作《彼得·潘》：有个长翅膀的小男孩居住在永无岛，他聪明仗义、调皮可爱，但是他是一个永远长不大的孩子，他害怕成长带来的烦恼、害怕成年世界的黑暗，所以他永远不肯面对现实，只相信自己心中的梦幻。

心理学家将那些已经成年却脱离不开孩子心态的人归为患有"彼得·潘综合征"，他们的特点是：总希望有人照顾自己，不愿成熟，希望自己一直生活在童年，做无忧无虑的孩子……

每一个过分爱自己的人，其内心或多或少都有"彼得·潘情结"，他们希望生活能够无忧无虑，自己不用面对那么多的责任和压力，他们试图始终用纯真的眼光看待这个世界，不愿接触人性复杂的一面，他们害怕烦恼，所以不肯也不敢面对现实。

每个人的生理童年期不过短短几年，童年时期的我们以自我为中心，情绪不稳定，需要他人照顾。而一个人的心理童年期却可以无限延长，我们不难看到，某些成年人仍然喜欢要求别人凡事照顾他，情绪极其激动，总有不合时宜的幻想，这样的人有时候会被说成天真，有时候让人不禁担心他们的将来。太宠爱自己的人永远不会长大，永远无法成熟，他们的人生就像只开花却不结果的树，无法圆满。

那么，我们如何摆脱"童年心理"呢？

（1）不要怕自己受到伤害

一个人心理是否成熟的最主要标志就是心理承受能力。一个人面对打击，很容易一蹶不振，要长时间才能恢复，说明他的心理承受能力亟待增强，也说明他的成功能力偏低。

生命中总会有大大小小的打击，这些打击伤害你，却也能让你成长得更快，如果总是怕自己受到伤害，像乌龟一样躲在壳子里，就只能使自己像乌龟一样缓慢前行，当人们都在大踏步走路时，你还在原地徘徊，直到距离目的地越来越远，最后被所有人遗忘。

（2）不要怕自己被人了解

有些内向者有一种孩子气的想法，认为只要不被了解，就不会被人抓到弱点，也就等同于不会被人伤害。怕被人了解的实质仍然是惧怕人际交往，但内在世界与外在世界是共存的，没有人能够始终生活在内在世界，你只有给别人了解你的机会，才能使内外世界互通有无。

（3）自我保护不是自我封闭

每个人都有自我保护意识，但自我保护应该是对危机的一种防范，包括训练应对危机的能力、预知潜在的危机并及早准备、在危机到来时的镇定和坚决态度，而不是把自己封闭起来，根本不去看可能到来的危机，骗自己说那些东西根本不存在。

自我封闭不是自我保护，它只会降低你抵抗危机的能力，让你从封闭走向自我削弱。玩足球的人常说："进攻是最好的防守。"同样，尽量了解外部世界就是对自己最好的保护，并在这个世界找到自己的位置、实现自己的价值。

一个人应该爱自己，却不能过分地宠溺自己。一味地放任自己逃避成年后应该承担的责任，只会让你永远懦弱。这个时候，你在自己世界中感受的快乐越多，在现实世界中的真实快乐就越少，进而越来越沉迷在自我世界中，甚至从封闭走向自闭。

5. 别惧怕改变，尝试与不同的朋友相处

孤僻的人并不是生来就没有交际愿望，身边的亲人经常劝他们要活泼一点儿、外向一点儿，他们也曾试图改变现状，试着融入人群、与人接触，想尝试另一种生活，很快，他们便发现自己无法适应外在世界的生活，最主要的是，他们无法适应他人、无法为了他人改变自己，于是他们选择继续回到自己的世界，过一成不变的生活。

缺乏适应能力的人只能过单调的生活，他们害怕改变，他们认为改变意味着未知的危险，而不是机遇与挑战。他们希望自己能够维持一个"安全状态"，永远按部就班，没有任何意外。于是，我们在现实生活中经常看到这样的"安全者"：有平稳的工作、平稳的个性、平稳的家庭……尽管他们常常为此觉得乏味，但他们已经习惯了这种

封闭式生活，根本不想改变。

想要适应环境，首先要适应他人。不能只要求别人都来迁就你，也不能因为自己声音小就拒绝和大嗓门的人说话，否则就只能一辈子生活在封闭的"套子"中。

有一个年轻人大学毕业后回农村接手了父母的杂货店，做着普通买卖。他没有什么别的特长，只有一点：脾气好。他的朋友中，有人性子暴躁，经常大呼小叫、惹是生非；有人嗜酒如命，常常喝得烂醉如泥；还有人孤芳自赏、常常看不起他人……这些人却都把这位年轻人当作好友，因为年轻人经常在他们急躁的时候规劝、喝醉的时候搀扶、刻薄的时候一笑了之。人们都不明白年轻人为什么要交这样的朋友，年轻人却说："每个人都有优点和缺点，交朋友不仅要看自己喜欢的那部分，当然也要容忍别人的缺点，而且在他们身上，我也学到了不少东西，朋友就是要互相适应。"

每个人身上都有值得学习的地方：和开朗的人在一起，可以学到他们面对得失的豁达心态；和稳健的人在一起，可以培养自己的安全感；和聪明的人在一起，可以让自己懂得更多处世技巧……孤僻的人想要改变自己，可以把身边的朋友当作榜样。学习他人的优点，让自己变得更优秀。

与他人相处得好坏可以直接反映出你的适应能力。适应他人、掌握更多技能，自然也就适应了环境。不仅如此，适应他人的人更容易快乐，因为每个人身上固然有缺点，但他们的优点也常常让人惊喜。那么，如何提高自己适应他人的能力呢？

（1）欣赏每个人的长处，与他们互通有无

世界上有多少种形态，就有多少种美丽。一个孤僻者如果能对别人抱有欣赏的眼光，别人自然不会排斥他的接近。与不同的人接触是个学习的过程，当你直观地明白自己缺少的东西时，强烈的进取心会促使你告别孤僻。在别人的优点面前，你不得不承认封闭的生活已经让你退化，如果再不迎头赶上，就会被生活淘汰。

（2）要理解他人的内在动机

有些人总是数落你，让你烦不胜烦，但他们其实是在关心你；有些人总是忌妒别人，但他们并不会害人，只是因为好胜心太强……每种性格背后都有各自的表现，看懂了才能更深地理解他们、更好地欣赏他们。

（3）不要害怕"有性格"的人

孤僻的人本身就有较强的个性，他们很怕和其他个性强的人接触，担心彼此都有棱角，磕磕碰碰，难免不愉快，但是，与这样的人交往最能锻炼交际能力，他们能够训练你的耐心，也能改造你的"玻璃心"。何况，人有个性，同时也可能意味着他有某一方面的才能，和这样的人相处，你会受益匪浅。

封闭的人常常觉得自己不适应时代，不妨从适应他人开始改变自己，需要注意的是，适应他人并不是模仿他人，更不是无原则地改变自己，只有保持自己的个性又能适应新的环境，你才能真正走出孤僻的个人世界。

第四章
接纳与调节：内向者如何管理负面情绪

人的思想就像一棵树，情绪就是上面的枝丫，良性情绪是主干，不良情绪只是枝节，如果一个人能够保持自己的主干，常常修剪上面的杂枝，就能保证树木挺拔成长、直至参天；如果不去修剪，枝丫就会夺走主干的养分，导致树木的畸形。大仲马说："人生是一串由烦恼串成的念珠。"内向者经常被无穷无尽的烦恼折磨，因此产生了诸多负面情绪，但只要用合适的方式排遣压力、调整状态，就能让自己重新神采奕奕。

1. 学会控制情绪是我们成功和快乐的要诀

戴尔·卡耐基说："学会控制情绪是我们成功和快乐的要诀。"

在日常生活中，我们每天都被情绪左右，好的情绪能让我们一整天都神采奕奕，做什么事都能 100% 地投入，有极高的工作效率与热情；坏的情绪却让我们提不起精神，做什么事都心不在焉，常常认为自己付出了很多而效率很低。这些就是坏情绪带给我们的负面能量。

人体的能量也有正负之分，正面能量就如适当的阳光和水分，滋养你、温暖你，在你经历磨难的时候，它能够鼓励你，成为你力量的源泉；负面能量就如黑暗的阴影，让你的心灵无法成长壮大，渐渐扭曲枯萎，即使在顺风顺水的时候，它也会让你觉得不安、心灰意冷、了无生趣，所以人们都希望自己能有好心情，害怕被坏情绪纠缠。

情绪应该受到理智的支配，才能发挥它的正面功效，否则，它会引出你心中最阴暗、沮丧的部分，挥之不去，这些情绪又会对你的行动产生影响，让你不能冷静地思考问题、不能合理地安排生活，甚至会影响你的前途。随时被坏情绪支配的人总是散发负面能量，接触他的人也会遭殃。

余波是一家外贸公司的职员，因为工作的关系，他经常和同组的李维发生争吵。余波是个急性子，每次讨论方案，着急时他就会气得拍桌子，经过一年的争吵，余波变得有点儿神经质，他成了李维的观察者，观察着李维的一举一动。

余波和李维都是组长，他们各自的小组经常面对竞争，争方案、争客源。余波总是觉得李维抄袭自己小组的创意，经常为此向上司打小报告，一开始，李维还与余波争辩，后来，连上司都批评余波疑神疑鬼。

余波的情绪进一步升级，在他看来，李维的一举一动都很碍眼，李维做的每一件事，他都觉得是在针对自己。终于有一天，余波忍受不了这种折磨，主动找上司谈话，上司说："你和李维是对手，盯着对手的一举一动是正常的，但你这个样子已经过分了，好好调整一下自己的情绪吧。"

坏情绪有很多种，故事里的余波忌妒心强、为人暴躁，这种个性一旦爆发，就显得他在工作中很没风度，为人没有气量。当他看李维的一举一动都不顺眼时，其实是苦了自己。每天只盯着对手，会耽误自己的工作，不论对心情还是对事业，负面能量一旦爆发，就会损人不利己，得不偿失。

很多时候，我们会把失败的原因归结为"情绪不好"。情绪应该是一种积极的心灵力量，但有明就有暗，我们无法避免负面情绪的产生，但可以以理智的态度接受，尽量将负面能量降为最小值。以下方法可以帮你克服负面情绪，打造积极健康的心态：

（1）寻找负面情绪产生的原因

负面情绪之所以能够形成，都有一定的原因。例如我们常说自己心情不好，有时候可以说出原因："这个月业绩不好。"有时候就是一种没来由的烦躁，这就需要深究，看看自己究竟是对现有的生活不满意，还是工作太累，需要透一口气。

所有的结果都有其产生的原因，"没有原因"是一种假象，有时候不是没有原因，而是原因摆在那里，你不敢去接触，害怕自己的情绪更加不好。逃避不是解决问题的办法，一定要找出原因，强迫自己解决，才能不影响你的生活和未来。

（2）合理的睡眠和饮食

俗话说，"身体是革命的本钱"。有时，身体也是树立好情绪的本钱。负面情绪的产生和身体也有关系，当一个人免疫力下降、体力下降，或者生了病，心情自然就会不好，原本充满希望的事也会因为病痛而感觉无望。身体状况不好，会直接让人无法集中注意力，影响生活和工作，这种情况又加深了心理上的焦急。

好的身体来自好的习惯，好的心情也是如此。不要总是认为自己的身体好就不注意睡眠和饮食，总是熬夜，吃饭不定时定点、随意搪塞。疲劳与疾病都是隐形杀手，在你胡乱对待自己的身体时，它们已经在潜伏，当它们爆发时，问题就会严重，不如从日常生活调理，这样才不会被突来的重病击倒。

（3）亲近他人、亲近环境

闷闷不乐的时候，与其一个人发闷，不如试着融入他人和环境，听听大家都在说什么，关心一下最近发生了什么，也可以发表自己的见解活跃气氛。人是群居动物，如果大家谈得来，气氛和谐，你的心情也会跟着热闹起来。

孤僻的人总给人以负面的印象，因为他们看上去不好接近、不好相处，有他们在场，别人就会放不开。给人留下这种印象，你的心里也不会好受。即使不爱说话，也要表现出你在听、在看、在想的状态，不孤立自己是避免坏心情的又一个良方。

（4）培养轻松的心态

有负面情绪的时候，千万不要听之任之，要试着逼迫自己走出低谷，这就需要一种积极的心态。积极的人不会把问题想得太严重，以免没解决问题反而增添更多烦恼。

心态决定成败，心态决定命运，倘若一个人拥有轻松的心态，就能在任何困难面前泰然自若。不要让任何坏情绪凌驾在理智之上，也不要让负面能量驾驭自己，要以轻松积极的心态走出低谷。高情商的人能够用"接纳"对抗压力、用"处变不惊"减少伤害，如此，烦恼会远离，好运自然也会开始。

2. 为生活的不如意列一张待清清单

心灵是一个奇妙的空间，有时候像土壤，能够生长希望，也能够繁衍绝望；有时候像间房子，摆满了过去的种种回忆，有条不紊，可以随时观赏。因为心灵的这个特性，很多时候，我们摆脱不了烦恼，因为烦恼有时就放在心上，让你一眼就看到，有时候你以为自己已经忘了，但不知什么时候，它又蹦了出来。

内向者的心灵更加丰富，而且他们的记忆更加牢固，对那些快乐的事，他们因为感恩而记得很清楚，而那些不如意，也同样会让他们牢记不忘。在生活中，不如意的事永远比如意的事多，这就造成了怀旧的人回忆的时候常常是不快多过快乐，并因此生出更多不愉快的心情，变作日常的烦恼。

如果心灵是一座花园，那么就要及时除草捉虫，它才不会荒芜；如果心灵是一间房屋，那么需要适当的整理，它才不至凌乱。呵护心灵，要给心灵进行一次大扫除，果断清除那些妨碍自己快乐的隐患问题，它才能蓬勃健康。

保罗生活在堪萨斯城，他是一个普通的工人，生活尚可，他总是觉得生活中有很多不如意，想要改变却没什么能力，这种情况让保罗经常抱怨。

保罗的妻子珍妮却是个乐天派，从来不把烦恼放在心上。一个周日，珍妮正在打扫房子，把他们的旧衣服、儿子扔掉的玩具、一些过期书刊打包，准备卖给废品收购站。她看到丈夫保罗又在唉声叹气，就对丈夫说："亲爱的，今天我们来做一件事，从现在开始，你将你的所有烦恼写在纸上，我负责收拾我们的屋子。"保罗不明白妻子想干什么，但他一向听妻子的话，便拿起笔来开始写自己的烦恼，每写几个，他都要叹上一口气。

等保罗写完，珍妮拿起那张写满字的纸大笑着说："你担心上班时堵车？那么我们提前半个小时出门吧！你担心银行利率？那么我们可以分散资金，多存几个银行。你担心约翰早恋？不用担心了，他已经交过3个女朋友了！孩子的事就交给他自己吧！"每说完一句，珍妮就会拿笔将单子上的一条烦恼勾掉。整个下午，珍妮几乎勾掉了保罗的所有烦恼。

"你看，你的烦恼和屋子里的杂物一样，都被我清理掉了。"珍妮说。保罗哭笑不得，但经过妻子的开导，他也突然觉得有些担心完全没有必要，不如像妻子那样，看开点儿，心情自然就会好。

生活需要一个清单，看看自己得到过什么，失去过什么，究竟什么样的事值得自己高兴，什么样的事能让自己动怒，给"不如意"列一个清单，对症下药，寻找到妥善的解决办法，所以你的心灵也时常需要一次大扫除，果断清除那些妨碍自己快乐的障碍。

人们为什么不如意？因为他们对过去、对烦恼总是无法舍弃，放纵它们一次次侵袭自己，这虽说是怀旧，但同时也是一种优柔寡断的心态。要知道，过去已经过去，烦恼已经形成，任何哀叹与抱怨都无济于事，人必须活在当下，拥有开朗的心态才能真正拥有如意的未来。如果觉得心中烦恼太多，一定要进行一次大扫除，给心灵减负、为快乐加码。

（1）快刀斩乱麻，斩断烦恼的根源

快刀斩乱麻，是对待烦恼的最佳心态。一个女孩失恋了，最有效的方法不是独自一人假装坚强，而是痛痛快快大哭一场。事情如果到了覆水难收的程度，你只有两个选择：要么在盆子里装上新的水，那水未必比旧的差，没准儿比旧的更加甘甜；另一种就是干脆连盆子一起扔掉，天涯何处无芳草，只要你够优秀，不怕找不到更好的伴侣。

（2）整理情绪，让自己冷静

情绪有时也需要你分析整理，因为它常常"剪不断，理还乱"，需要一点一点地梳理，你的思路才能明确、条理才能清楚，对事物的判断也会更加准确。

有时候，太多的情绪会干扰你的思路，这时候，"清扫"就变成了一个必要的步骤，尽量远离那些让你心烦意乱的人和事，等你平静下来、清醒之后再去找，如此，你也许会有完全不一样的看法、更好的相处态度。

（3）顺其自然，培养幽默、达观的心态

人有悲欢离合，月有阴晴圆缺。人有时候必须告诫自己，凡事要想得开、看得开，不要斤斤计较，更不要一意孤行，即使有了烦恼和忧愁，也要相信总有化解的可能。人生的路还长，烦恼毕竟只是一时的事，一切都会过去。

有些时候，幽默可以化解人生的很多困境。对一件事求之不得，不妨借助一下酸葡萄心理，干脆说没得到的葡萄是酸的，取得心理平衡，只要能够给自己一个积极的暗示就行。

不如意可能变成压力与折磨，也可能变成动力。为什么不把这种不忿化作奋进的力量？或者把巨大的压力转化为动力？比起未来，过去虽然重要，却不是那么重要；现在虽然困难，却有困难的意义，不要沉浸在负面情绪中，及时清理排解，未来仍然属于你。

3. 调整心态，很多烦恼不过庸人自扰

在日常生活中，我们常常听人感叹："真烦啊！"烦恼似乎是生活中从不缺少的一部分，在有些人看来，它们甚至是生活的全部。生活是不是一连串的烦恼？这只能看人的心态。同样的生活，有人每天乐呵呵的，有人却选择愁眉苦脸。烦恼就是如此，你看重它，它就会像巨石一样压在心上，让你喘不过气；你不去想它，它就会像浮云一样转瞬即逝。可见烦恼都是自找的，既然如此，为什么要忧愁烦恼，而不逍遥快乐呢？

对于内向者来说，他们习惯深思，自然看重烦恼，而且没有人帮他们排解，他们也不愿意说出来，他们的烦恼有时还会比一般人多一些。都说内向者多愁善感，怎么会不烦？

不过，既然可以把一件事想复杂，也能把一件事想透彻，关键在于个人的思考方向。如果他们愿意以达观的心态看待烦恼，他们就能更透彻地看到事物的本质：对于能解决的事情会马上解决，不能解决的事情，即使烦恼也没用；如果他们非要去钻牛角尖，那只能生活在苦闷中。烦恼有时像把刀子，虽然不大，但日积月累，数量众多，也能将生活肢解得支离破碎。

一个农妇觉得自己每天生活在琐事中,有忙不完的活计,整天被烦恼占据,搅得她心神不宁,她只好去村边的一座寺庙里找一位禅师求助。

禅师说:"请把你的烦恼写在纸上。"

妇女在一张纸上写了一连串的烦恼,几乎占满了整张纸。写完后,她觉得自己更加绝望了,觉得世界上大概没有人比她更烦恼、更不幸。

禅师说:"每一天都有很多人来我这里诉说烦恼,我都让他们把烦恼写下来,请女施主看看他人的烦恼,你愿不愿意和他人交换?"

妇女随手拿起一张纸,上面密密麻麻地写满了各种烦恼,她接连看了五六张,恍然大悟地说:"我以为世界上只有我最烦恼,其他人都很幸福,现在看来,我的烦恼其实不算什么烦恼,如果真的遇到了他们的烦恼,那才真叫倒霉。"

人们总是认为只有自己才是被烦恼纠缠的人,其他人就算有烦恼,也不会像自己一样。人们的幸福感之所以不多,就是因为他们坚定地认为自己很不幸,所有人都比自己幸福。就像故事中的那个妇人,只有了解了别人的烦恼,才会知道自己经历的事有多么微不足道。在生活中,别人不愿意把烦恼挂在嘴边,并不是没烦恼,而是因为他们更为达观。如果没有快乐的心态,如何战胜烦恼?

世上本无事,庸人自扰之。烦恼和快乐就像一架天平,你每天想着烦恼,就是在给烦恼那一边增加砝码,直到心理的天平彻底失衡,再也看不到快乐的踪影。其实烦恼可能是很简单的事,因为你看重它,它才有分量,如果你根本不去看它,烦恼就不会缠着你,那么,如何才能看轻烦恼,不被烦恼纠缠呢?

(1)调整心态,了解生活的本质

张爱玲说:"生命是一袭华美的袍,爬满了虱子。"如果一个人把生活想得太美好,就会认为生活像锦缎一样多姿多彩、光滑美丽,而等他近距离接触生活,就会发现上面的虱子爬遍全身,瘙痒难耐,这时候心中难免失望,开始抱怨,生活自然就不再美好。

要相信生活的本质仍然是好的,袍子仍然是袍子,如果能降低自己的期望值,不要总是存在幼稚的幻想,接受生活的不完美,就会发现烦恼不过是几只虱子,不会真正妨碍你。一个人何必跟几只虱子计较呢?何况在多数时候,它们只是远远地存在,并没有靠近。

(2)难得糊涂,有时要对生活糊涂一点儿

较真儿的人活得累。不论什么事,他们都要争出个对错高下。其实那些他们看不顺眼的事,多数没有触及道德底线,只是人与人的习惯不同、思想不同,在行为上发生的冲撞,如果能够包容一点,世界上便没有那么多烦恼让人心神不宁。

内向的人大多喜欢较真儿,更糟糕的是他们会在心里反复思考一个问题,越想越不对劲儿,一个人纠结。有时候,睁一只眼、闭一只眼才是处世的良方,可以多多为他人着想、体谅别人的难处;

也可以对自己说多一事不如少一事，如果有时间，要去做更重要的事。

（3）不要总是期望"公平"

人们的烦恼有时候来自付出没有回报，就像考试之后，同样用功的人排名有高有低，低的那个人难免心理不平衡，认为这件事不公平。其实对于这件事，与其怪别人，不如怪你努力得还不够。这个世界本来就没有绝对的公平，你又何必凡事都搞平均主义？天下的人如果相貌一样、成绩一样、条件一样，那这个世界还有什么意思？

他人有他人的优点，你有你的优点，不要因他人的优点而烦恼。在生活中，应该将着眼点放在自己身上，多发现自己的闪光点，多珍惜自己拥有的幸福，感恩并努力，才是摆脱负面情绪、创造美好生活的最佳方法。

4. 自己的情绪钥匙切勿交给他人

生活中，内向者有时表现出谨慎，有时又表现出胆小、没主见，最常见的情况是遇事时手足无措，他们的情绪并不被自己掌控，而在无意中被他人控制。别人成了他们心情的主人，既顾虑别人，又不想委屈自己，这样的人常常左右为难。

情绪有时是一把锁，你应该自己握紧那把钥匙，而不是交到别人手上。把情绪交给别人，你的喜怒哀乐就不再是一个人的事，而是与他人的情绪密切相关。如果那个人是个积极的人，也许会给你一些正面影响；如果他是个悲观、暴躁、抑郁的人，你就会被他拖进负面情绪的深渊中不能喘息。

把情绪的密钥交给别人的人并不是不知道人应该掌握自己的情绪，可是，长久以来形成的习惯让他们把自己摆在较低的位置，总是听从他人，但心里又不甘不愿，这就产生了无法抒发的抱怨情绪。随着日子的增多，负面情绪越积越多，偏偏自己已经习惯了听从别人的安排，于是，他们始终生活在"他人"和"自己"之间，任由好情绪一天比一天少。

康森太太今年50岁，回顾自己的一生，她觉得自己是个悲剧的小人物。

康森太太从小就内向，不知道如何与人相处，她的父母对她非常严厉，她从小就在父母的高压政策下，为每一次考试的成绩发愁，害怕达不到父母的要求。

直到上了大学，康森太太才有了自己独立的空间。也许是被父母管束得太好，也许是长久的用功让她忽视了社交能力，她总是跟不上其他同学的步调，为了使自己看上去不那么孤单，康森太太经常委屈自己、迁就别人。提起朋友，康森太太认为大学时的朋友都是自己用忍让换来的，那似乎不是真正的友情。

结婚后，康森太太又陷入另一种困境，她整天操持家务、为丈夫和孩子烦恼，她觉得自己做了很多事，丈夫和孩子却不太领情，总嫌她唠叨、管事管得太多，这让康森太太心中充满了失落感，所以越来越抱怨这种生活。

情绪不掌握在自己手中，就会成为别人的俘虏，康森太太就是一个被生活俘虏的人，她从小就把开心与否的密钥放在父母手上，如果父母不高兴，她也不可能高兴；长大后，她又把情绪的密钥交到朋友、丈夫、孩子手上，她始终不是在为自己生活，所以产生怨气，直至不能自拔。在她琐碎的一生中，竟然没有多少值得回味的快乐。

人是独立的个体，必须做自己的主人，做自己情绪的主人，唯有这样，才能保证所有感情属于你，才能真实地体会自己的人生。掌控属于自己的情绪，才能保持本性。内向的人容易被人影响，所以更要注意，在他人有意无意的压力下保持自己的心态和主见，保持自己不变的生活态度。那么，如何才能最大限度避免受他人影响？

（1）要有主体意识

多数人喜欢把注意力放在别人身上，忽视自己的心情，这是一种缺乏主体意识的表现。要明白，你才是自己的主人，你才能决定自己的生活。在你身边，即使有关心你或敌视你的人，他们都仅仅是你生活的一部分，而且是次要的部分。

一个有主体意识的人不愿受他人摆布，更不会把自己的情绪牢牢地和别人拴在一起。主体意识最大的表现是独立，包括经济上的独立和人格上的独立，唯有稳住自己的生活，才能不被其他因素影响，这种独立也是每个人应该努力的方向。

（2）要有分析能力

高情商的人都有良好的分析能力，他们能够自己分析事情的起因，观察事情的经过，预测事情的结果，如此一来，他人的意见永远只是辅助，拿主意的总是他们自己。自己拿自己的主意，能够有效地脱离他人的控制。

不想被他人左右，想要做出属于自己的正确决定，首先要有分析能力。当然，有时候，他人比你更有经验、更有眼光，不妨请他们帮帮忙，不要一味地固执己见。寻找他人的帮助也是要建立在自我分析的基础上，要始终保证你的决定权。

（3）坚定自己的立场

有时候，我们会遇到令自己左右为难的事，这个时候，我们应该领悟到一点：一个人只有坚定自己的立场，才能在维护自己权利的同时赢得他人的尊敬。仔细观察，不难发现情绪也与立场有关。那些立场坚定的人，因为一直在为自己做主，即使遇到困难，他们的情绪也是积极向上的，而那些没有立场的人常常懊恼，患得患失。

坚定自己的立场与性格是否内向无关，而是看你有没有足够的人格和自信。有些人天性软弱，想要做一个有立场的人，一是要确定自己的原则，要明白可以容忍什么，不可以容忍什么，平时可以能忍则忍，但触犯底线的时候，要坚决表明反对的态度；二是面对事情要尽快做出决定，果断而不拖泥带水。

5. 为悲观的心灵注入生活的无限可能

有时候，我们会听到一些老人这样评价一个孩子："××心眼挺好，就是性格太内向。"话语间流露出惋惜和担忧。内向只是一种性格，那么，老人们在担心什么？他们担心的其实是内向者容易消极，怕他们凡事想不开，一辈子不开心。

在现代社会中，生存压力大，人们每天面对忙碌的琐事，很容易感染悲观的情绪，内向的人尤为严重。因为不爱与人交谈，他们的情绪常常得不到合理的舒解；因为心里总是压着心事，他们的表情常常苦闷，总是觉得自己身不由己，甚至有时候这种悲观还会变为厌世。

但是，悲观是无用的，它除了让事情越来越糟外，不能解决任何问题，不如省点儿力气去寻找希望，如果觉得自己的情绪低落，就要尽可能靠近阳光。有时候，生活会给我们很多打击，让我们一蹶不振，但坚强的人会在这些打击中寻找出路，告诉自己："不必那么悲观，我还有能力做很多事。"

一个失业青年正在马路上闲逛，半个月来，他不知找了多少份工作，每次面试都被拒绝，他的房租即将到期，身上的钱也所剩不多。连续几天，他面试的时候都无法集中精神，心中充满了绝望。

他走进一家餐馆，点了几个菜和几瓶啤酒，到了结账的时候，看到服务员微笑的脸，绝望的他突然有了一个想法。

"我没有钱，我希望跟经理谈谈。"青年说。

经理很快出现了，青年坦诚地说："我刚才在这里吃了3个菜、两碗饭、3瓶啤酒，不过，我身上没有钱，我希望用我的劳动偿还这顿饭的费用，请给我一个工作的机会。"

显然，经理从来没遇到过这种情况，他思索了几分钟，终于松开紧锁的眉头，对青年说："可以，不过我们这里的服务员都有一周的试用期，你先试试，看能不能通过。"

一周后，靠着突发奇想和勇气，青年成功地获得了一份工作。

俗话说："天无绝人之路。"靠着对机会的把握，故事中的失业青年凭借自己的大胆得到了新工作。人生不就是这么一个绝处逢生的过程吗？处处都有失意，处处却也都有惊喜，关键在于你怎么看待失意，愿不愿意制造惊喜。如果你总是觉得心里压抑，不如试试下面这些方法以告别悲观：

（1）凡事往好的方面想

想要克服悲观，就要看看悲观的反面是什么。人可以通过行动改变既定的命运，即使失败，也要看到反败为胜的可能；相反，悲观的人看不到反击的机会，他们只会不断告诉自己："完了，全完了。"

"塞翁失马，焉知非福"，往好的方面想，就是相信事情还没有到最糟糕的时候，还有转折的余地，这时，全身的细胞就会活跃起来，与你一起出谋划策、共渡难关。你还可以这样安慰自己："现在已经是最糟的情况，不会更糟了。"这也是一种积极有效的暗示。千万不要对自己说："现在真糟糕，以后还会更糟。"在这种强大的心理暗示下，你会变得不作为，然后事情就会真如你暗示的那样，越来越糟，直至无法挽回。

（2）换个环境

太过单一的环境有时也会造成人们消沉，因为太熟悉、缺乏刺激，导致人们看不到努力的价值、人生的意义，这种消沉会变成心理上的压抑，让人整天闷闷不乐。这个时候不妨考虑换一个工作、学习或生活的环境。

如果无法更换上述环境，不妨给自己安排一次旅行，这同样可以使心灵得到休息，缓解消极的情绪。在旅行中，我们能够欣赏美丽的风景、体味不同的人情，同时调整自己的心态。定期外出旅行的人往往有充沛的精力和高昂的热情。

（3）把单调的生活变得丰富一些

如果生活一成不变，就会缺乏亮色，让人麻木，认为自己再努力也不会改变什么，再懈怠也不会让自己更糟，这个时候，消极的情绪就会乘虚而入。人们常说，人最初都是有棱角的，是生活的琐事把棱角磨平了，因此我们必须警惕那些干扰自己情绪的琐事。

寻找新鲜感是快乐生活的重要内容，不要让自己的人生总是在三点一线中度过，要多多尝试寻找新鲜感。如果你有一直想做的事，却因为各种原因而一直没有做，不妨在消极的时候去尝试，如此，既弥补了过去的遗憾，也给自己的生活增加了新鲜感。

生活有无限可能，人会悲观，是因为只看到一种可能、只相信一种可能，那种可能又让他们看不到希望的存在。尽量让你的生活丰富一些、让心情阳光一些，要随时告诉自己明天会更好、未来会更美，并为之不懈努力。

第二部分
社交篇

> 第五章
> # 克服社交恐惧：内向不是社交的大敌
>
> 由于很多内向者都羞于承认自己具有恐惧心理，即使承认也听之任之，这就容易导致恐惧情绪加重，从而导致说话水平、办事效率大打折扣。所以，当发现自己在交往中存在恐惧心理时，不要不管不顾，也不要把这些归咎于内向性格，而应该找到根本的原因，充分地认识恐惧心理，同时提高自己与人交往的自信心，大胆地说出自己想说的话，那么，一个内向却不怯社交的人或许就这样诞生了。

1. 为什么内向者更容易社交恐惧

每当周围有人说某某有"社交恐惧症"，我们就会立刻想到一个内向、害羞的形象，而那种活泼开朗、大大方方的"帽子"则只能戴给外向者。事实上也的确如此，社交恐惧症更容易"青睐"内向者，这是为什么呢？

从心理学上看，社交恐惧产生的原因是过于看重和顾忌他人的评价。乍看起来，社交恐惧体现为对外界人和事物的排斥，但其实质却是对自己的排斥，他们惧怕别人眼中的自己，怕别人对自己持有否定的看法，也怕遭到别人的拒绝，怕自己的形象在别人看来不够完美，等等。而这些恰好符合内向者专注于自己的思想、兴趣，沉浸在自己的内心世界而非外界的思想和行为模式。

这一观点的提出主要归功于瑞士精神病学家荣格。在心理学分析方面，荣格的影响仅次于精神分析学派的创始人弗洛伊德，甚至有这样的说法：在丰富人们关于人性的认知方面，荣格所做的贡献比弗洛伊德的还要大。

那么，在荣格眼里，内向者具备什么样的特征呢？"把自己的心理能量向内释放"是一句简洁而全面的概括。具体来说，内向者最感兴趣的并不是缤纷多姿的外部世界，而是他自身丰富多彩的内心世界，也就是他自己的观点、思想、情感和行为。与内向者不同，外向者更容易对外部环境产生兴趣。

从具体表现上来看，由于内向者的兴趣与注意多放于自身，所以他们通常不会与人随便接触，对除了亲朋好友之外的人显得冷漠；在待人接物上，他们也较为含蓄、严肃、敏感；同时，他们喜欢生活中的一切都按秩序进行，不希望有过多变动；但也往往缺乏自信与行动的勇气。

由于这些特征，内向者在与外界打交道时，表现得不自然、不情愿，甚至很不喜欢。这样一来，社交恐惧症就更容易找上门来。

如果你无法确定自己是内向者还是外向者，下面这个测试能够帮你分析你的性格特征，或许能为你更顺利地参与社交生活有所裨益。

请阅读下面的每一条特征，根据你的第一感觉做出选择，看看哪条更符合你：

喜欢有口袋的衣服，让手有个放置的地方，否则觉得很别扭；

会莫名地产生孤独情绪，无法抗拒内心的恐惧感；

平时不爱说话，即使说话也老爱低着头，或者一说话就容易脸红；

有心事不会说出来，有一个只属于自己的精神世界；

习惯了怀疑，却总把人往好处想；

虽然不相信童话，但却总是期待会有个真正懂得自己、保护自己的人出现；

很羞涩，爱一个人不会直白地表达出来，往往是暗恋，而且全心全意；

经常会感觉世界上的每一个人都不可靠，可即便这样，还是愿意选择相信别人；

有求于人的事一般不会去做，宁肯自己走弯路，也不会主动请他人帮忙，死要面子活受罪；

喜欢把事情付诸行动，认为用行动证明自己才有说服力，而做之前就说自己能够如何如何，会让自己觉得"不靠谱"。当取得优异的成绩后，也不会向别人炫耀，喜欢别人说自己低调、谦虚；

容易自卑，很容易忽视自己的优点而太在乎自己的缺点；

非常在意别人的看法，导致其遇事容易优柔寡断、拿不定主意，有时候为了迎合别人而失去了自己。

在上述种种特性中，如果你具备 3 条以上，那么就可以说你是个内向性格的人。

既然内向者更容易对社交产生恐惧心理，那么就要采取一些办法来缓解或者避免这种恐惧心理。其实，大多数内向者可以通过自我调适来缓解，如果调适不过来，以致严重到影响正常的工作和生活，那么就要寻求心理医生的帮助。关于自我调适，我们有以下 3 点建议：

（1）不过多思考，让大脑变得"简单"些

无论大事还是小事，一个长时间处于思考状态的人更容易伤心、苦恼。

（2）别对自己太过苛刻，允许自己犯点儿小错

与人交往中，不怕说错话，并能够以冷静的态度战胜他人对自己的"嘲笑"。

（3）锻炼自己的积极意志，培养旺盛的进取精神

其实，内向者并非没有主见，他们的内心也并非冰冷，只不过他们为了更好地自我保护而不去过多地"暴露"自己。内向者的内心从来都是丰富的。

如果你身边有内向性格的亲人或朋友，或者你本人就是性格内向者，那么你可以尝试用上面的方法帮助他人或者自己。请相信，拒绝社交恐惧，你也许不会觉得自己有多么优秀，但肯定会有更多的人认为你很优秀。

2. 内向不是劣势，只是缺乏与人交往的勇气

不得不承认，我们的生活更加偏爱外向性格的人，而且我们的生活、工作环境都似乎要求我们必须成为一个性格外向的人。许多人都认为"性格内向"是一个缺点，但实际并非如此，内向性格并不是不良性格，很多时候，内向者只不过是缺乏与人交往的勇气罢了。

英国著名哲学家约翰·穆勒曾说："除了恐惧本身之外，没有什么好害怕的。"美国最伟大的推销员弗兰克也说："如果你是懦夫，那你就是自己最大的敌人；如果你是勇士，那你就是自己最好的朋友。"不难看出，你是否能够游刃有余于交际场合、能否顺利地与人交谈，更大程度上取决于你自身能否具备与人交往的勇气。只要内向性格的人克服了这一点，那么就好比一口枯竭的井忽然有了气泵一样，内向者也可以活络、流通、顺畅起来。但是，如果总把问题"归罪"于内向性格本身，那么你只能在郁闷、无奈中痛苦煎熬，而不会取得进步。

廖祥是个人高马大的北京小伙儿，可他有一点不太好，就是太内向，不善于表达，甚至怕和别人说话。5年前，廖祥从某大学本科毕业后，就到了目前这家生产型企业做技术。5年来，他一直恪尽职守、兢兢业业。

前不久，他终于下定决心要向老板提出加薪的要求。可是，距离提出的时间越近，他就越紧张。他在心里一遍又一遍地重复着早已准备好的台词，他自以为这些台词极具说服力。结果，等那天真的来到了，当他面对面地与老板坐下时，他却怯场了。廖祥说话吞吞吐吐，想好的无数具有说服力的言辞忘记了大半，而且前言不搭后语，搞得老板一点儿听的兴致都没有，结果可想而知，廖祥以谈判失败而告终。

本来很有希望谈成的加薪，却因为廖祥无法明确表达内心的想法而未得偿所愿，实在可惜。像廖祥这种因为性格内向而缺乏交流勇气的人在生活中并不少见，云飞也是其中一个。

28岁的云飞最近经常跟好朋友提起，他要找个女朋友，要组建自己的家庭，同时他还在好友面前畅想自己美满的幸福生活，但周围的朋友却从来没看过他为此努力。云飞长相帅气，他身边也有与他心意相投的人，但他从来不曾鼓起勇气谈过一场真正的恋爱。当身边的朋友问他不去追求女孩的原因时，他回答对方说因为自己太内向，害怕被拒绝，所以不敢向对方表白。

像廖祥和云飞一样，很多人都不同程度地被自己过于内向的性格困扰着，从而产生与人交流的恐惧心理，无法实现本该实现的目标和愿望。但是，不要担心，这并非不可改变。俗话说"勇者无敌"，只要你能够鼓起勇气面对周围的人和事，那么不管你的性格内向还是外向，都会给你的人际关系带来良好的影响。

对于内向者来说，该通过什么方式让自己获得看似不容易具备的与人交往的勇气呢？

（1）树立信心

告诉自己没什么大不了的，不怕别人议论，用自己的行动和语言来鼓励自己，就会战胜恐惧、获得勇气。

（2）客观地评价自己

多看到自己的优点和优势，多肯定自己，相信自己的才能，并从积极进取的态度看待自己的不足，摆脱自我束缚。

（3）多参加集体活动

参加集体活动是帮助你克服恐惧感、减少退缩行为的好办法。

大多数人的勇气都不是天生的，而是凭借着后天积累逐渐形成的。英国杰出的现实主义戏剧家萧伯纳以幽默的演讲才能著称于世，但少有人知道，年轻时的他可是另一番光景。那时候，他羞于见人，胆子很小，即便是受邀去别人家中做客，他也总是会在大门前徘徊半天，迟迟不敢敲门。此外，还有另外一个我们都熟悉的人——美国著名作家马克·吐温，他也曾不敢在人前说话。在谈起自己第一次在公开场合演说时，马克·吐温打趣说，自己的嘴里仿佛塞满了棉花，脉搏跳得像奥运会中争夺奖杯的运动员。

然而，就是这样的胆小鬼，到后来却成了世人皆知的大演说家，这不能不说是不断积累训练的结果。

所以，你也没必要为自己缺乏与人交流的勇气而担忧，充分运用上述的方法，不断地让自己得到锻炼，那么随着时间的推移，相信你一定会由开始的生疏到后来的熟练，由开始的紧张到后来的轻松，慢慢体会到自己的力量，增强自信心和勇气。

3. 掌控语言力量，让表达成为克服恐惧的助力

看到这个标题，有的读者朋友可能会认为：我内向，与他人交流本来就是我的弱项，压根儿别提什么表达能力了，那会比登天还要难。

事实真的如此吗？其实未必。不敢与他人交流，未必是由于内向性格所致，而是表达能力不够。也可以说，只要你加强表达能力，在和别人交往的时候，说话更大胆、更自如，这在无形中又会克服你在和别人交流时的恐惧情绪，甚至有利于内向性格的转变，真可谓一举数得。

美国成功学奠基人、最伟大的成功励志导师奥里森·马登博士曾在他的传世名著《改变千万人生的一堂课》中写过这样一段话："不管心存什么样的雄心壮志，首先得掌握驾驭语言的能力，有让人羡慕

的好口才。你也许不能成为律师、医生或商界精英，但你每天都要说话，也就必然要运用语言的独特力量。"也就是说，我们要想潇洒自如地掌控说话的力量，不管你是内向者还是外向者，关键之一就是提高自己的语言表达能力。

有一次，郭凯所在的公司举行南大区经理竞聘演讲。在大家眼里，郭凯是那种勤恳工作、老实本分、性格内向的人。但让大家没想到的是，郭凯此次的竞聘演说非常精彩，并最终为他赢得了经理一职。一位新员工向他讨教："前辈，您的语言表达能力真不错，有什么秘诀吗？"郭凯笑了笑，将秘诀娓娓道来。

两年多前，在公司举行的一次年终总结会议上，每个员工都要发言。会议结束后，郭凯的上司对他说："你的语言表达能力不太好，得好好提高一下。"

对于上司的这句话，郭凯千琢磨、万寻思，觉得上司说得很在理，自己的确不善表达。但郭凯也知道，如果改变不了这一点，自己可能会前途渺茫。

回家后，郭凯打电话向一位口才不错的大学同学请教，同学告诉他："可能和你的性格有关，但是没关系，只要你敢于突破自己、多加练习，就肯定能提高表达能力。我建议你没事多写写文章，把日常的观察、心得以各种形式记录下来，哪怕每天只写几十个字。时间长了，你会发现自己的语言表达能力比过去强很多。另外，你还要多看一些相关的书籍，在书中，你可以得到很多有益的指点的。"郭凯接受了同学的建议，不但每天坚持写作，而且也看了很多和口才有关的书籍，果然效果显著。

郭凯在提高语言表达能力上下足了功夫，正可谓"磨刀不误砍柴工"，郭凯平时的积累在关键时刻派上了用场，为自己赢得了他人的关注和敬佩。

毫无疑问，语言表达能力是现代社会每个人都需具备的一项重要能力，它反映了一个人的逻辑思维能力、人际交往能力等。比如，在工作中发表竞聘演说、向别人传达上司的指示、主持工作会议、预约客户、参加交际活动等，都离不开语言表达。

同样的一件事，表达能力好的人可能让人听得明白清晰；而表达能力差的人可能会让人一头雾水。同样的一个笑话，表达能力好的人能说得大家捧腹大笑；而表达能力差的人则会让人"丈二和尚摸不着头脑"。

其实，一个人的语言表达能力主要表现在说话的准确性、逻辑性和耐听性上。说话的准确性是指说话时吐字清晰、用词恰当，将信息完整、准确地传达给他人；逻辑性是指说话时排好语序、分清主次，让听者能够明白说话者要表达的中心思想；耐听性是指说话时能抓住听者的心，不要枯燥无味、废话连篇，让对方昏昏欲睡。

应该说，提高语言表达能力对于一个人，特别是内向者提高自身素养、开发口才潜力、赢得他人关注和配合非常重要。那么，如何做才可以让这种能力如芝麻开花般节节升高呢？我们可以参照下面的几点方法：

（1）多积累：词汇量的丰富让你的表达能力更出众

如果一个人的词汇量少得可怜，那就很难口才出众、谈吐优雅。奥里森·马登曾指出，在培养语言表达能力时，一个重要的途径就是花费时间和精力研究修辞，留心相同意思的不同表达，使自己的用词更丰富、谈吐更优雅。同时，还要养成随时查阅工具书的习惯，通过平时点滴的积累增加自己的词汇量。

（2）多阅读：常看书让你的谈吐有内涵

前面我们就曾提到过，口才的好坏和性格本身并没有直接的因果关系。一外向者可能说话滔滔不绝，但说不到点子上也是白搭；而内向者虽然说得不多，但说出来的话很有内涵、有深度、效果自然要好于前者。

所以，想要拥有出众口才，就要在平时多阅读一些书籍，丰富自己的头脑。俗话说，"看遍万卷书，出口可成章"，说的正是这个道理。我们可以阅读一些如演讲学、谈判学、逻辑学、论辩学、社会学、心理学等书籍，以此提高自己的表达能力。

（3）多思考：会让你的表达更有条理性

一般来说，内向者比外向者话少，但是思考的时间会更多。实际上，思考能力也是影响语言表达能力的重要因素之一。很多时候，我们不是不会说，而是不会思考，思考得不明白也就表达不清楚。因此，在表达一种想法、介绍一个计划之前，最好先仔细地思考提出这个想法的原因，想想这个计划的可行性和难易程度等。当你做出较为系统化的思考时，你的思维能力和逻辑性会登上一个更高的台阶，语言表达能力也会更有条理。

（4）多说话："自言自语"让你的表达很明晰

内向的人可能本身话就不太多，也可能因为工作太忙，没有太多在人际交往中"说话"的机会，不过没关系，你可以通过"自言自语"来提高自己的表达能力。比如，看过一本书后，尽可能地概括其主要内容、主题，然后对着镜子将它们大声讲出来，这也有助于提高自己的语言表达能力。

不可否认，提高语言表达能力是一项长期的工作，除了掌握技巧和方法外，还需要有毅力，能够持之以恒地练习，大胆实践，及时总结优缺点。如果能做到这些，你就不必再把问题归到自己的内向性格上了，因为你的口才提高了，而性格还是那个性格，你还是那个你。

4. 有答也有问，才能让交流持续不冷场

如果你愿意在公共场合静下心来观察他人，就会得出很多关于"内向""外向"的思考。比如在一辆公交车上，有些人总在不停地提问，而有些人却在不停地回答，没有人刻意安排这种角色，只是由人的性格决定。外向者好奇心强，喜欢不断向别人提问；内向者好奇心虽然也不弱，但他们不会将自己的好奇摆到桌面上。

内向者与他人交往，习惯于一种"提问——回答"的模式，别人问一句，他们答一句，有时候还能答得很妥当、很有趣味性。但当没有人提问的时候，他们就会安静下来，不知该如何说话，他们等待别人的问题就像鱼等待水，却不知道自己也有提问的能力。

谈话是两个人的事，如果一个人只负责提问，另一个人只需要回答，那就不是谈话，而是面试。一个人愿意向你提出问题，也许他有事情想向你请教，也许他是单纯地对你有好感，想要多多了解你。如果你有与这个人深入接触的意愿，仅仅回答问题是不够的，那样看上去太过公式化，像是一种不得不回答的礼貌。如果你懂得向他人提出问题，对方就有机会能够看出你的热情，使你们的交往更加顺畅。

"回答"是一种礼貌，"提问"也是一种修养和技巧，懂得与人相处，

问一个恰当的问题，可以增进人与人的感情，它代表了你对他人的善意与好奇，甚至可以从侧面体现出对方的魅力，让对方窃喜。巧妙地回答他人的问题，显现出的是自己的机智；巧妙地对他人提问，既能在最短的时间内用最简单的方法对他人有一个深入的了解，也能通过这种方式增进你们的友谊。所以，在人际交往中，不能小看"提问"这个环节。那么，如何提问，你才会受欢迎呢？

（1）不要问他人的隐私

每个人都有不想被别人知道的一面，这一面可能是他的个人状况，例如婚姻状况、收入情况、家庭背景等；也有可能是他对某件事的态度，出于他本身的立场，不方便发表看法……因此，你不应该问这些敏感问题，这会让他人立刻对你产生戒心或是反感。

如果你不小心问及了对方不愿意回答的问题，不要紧追不放，要立刻向对方表达歉意，让对方看到你的诚意，并再也不提这个问题，而不是旁敲侧击、一味地追求答案。强人所难是最让人反感的行为，一定要引以为戒。

（2）友好而谦虚的态度是关键

不论问什么问题，好的态度是关键。有时候，你问的问题刚好是对方不懂的，因为你谦和，即使他们说"不知道"，也不会觉得丢脸；有时候，你问了让对方为难的问题，因为你很友好，他们会明确地说出自己的难处，得到你的体谅，今后将放心地与你分享更多的事。

友好谦虚的关键是不在乎对方的回答是否合乎你的心意，即使别人的回答冒犯了你，你也要先想想自己的问题是否触及了他人的禁区。如果对方缺乏一定的修养或者心里满是敌意，你就要以更友好的态度化解可能的矛盾，为你们今后的关系打下良好的基础。

（3）在对方擅长的领域提问

在对方擅长的领域提问，是一种讨巧的提问方式，也是一种屡试不爽的谈话开场。如果你问对方很擅长的知识，即使是内向的人，也可能滔滔不绝地说个没完，即使你没说什么话，也会被他们视为一个满分的谈话对象，而且，提出这些问题，说明你充分地了解了对方的价值，对方会非常得意，认为你有眼光。对于你自己来说，提这些问题最直接的好处是：你在一个专家身上得到了很多有益的教诲。

（4）当对方回答不上来的时候，要懂得给对方圆场

当你提出问题时，很可能会遇到一种尴尬的情况：对方完全答不上来你的问题。这个时候，你的反应一定要快，不要傻乎乎地看着对方急得面红耳赤，还以为他在用心思考，你可以立刻转移一个话题，也可以回答一下自己的问题之后再提出另一个问题。

自问自答也是圆场的好办法，当看到对方面露难色，你不妨马上说出一个答案，问对方："是这样的，对吗？"这时对方会顺着你的台阶往下走，既避免了尴尬，也会感激你的体贴。懂得提问的人也要替对方着想，提问题之前想想对方是否愿意回答、能不能回答。如果

你真的提错了问题，就要立刻化解对方的窘境，这样你才能成为一个让人愉快的谈话者。

5. 让你困扰的人群恐惧症

心理学上有一种病症叫作"密集恐惧症"，即面对密密麻麻的物体会有本能上的排斥、惧怕反应，有些人看到一堆密密麻麻蠕动的幼虫会失声大叫，吓得不敢走路。在人际关系上，也有类似的症状叫"人群恐惧症"，即在陌生的场合，面对形形色色的人，有些人会出现暂时性失语的现象，完全不似平常。

"人群恐惧症"的深层原因在于对自己的不自信，因为不知道对于自己说的话及做的事会令面前的陌生人做出什么样的反应，如果在这么多人面前丢脸，自尊心便无法承受。越是在乎自己是否表现良好，越容易出状况。有些成绩优秀的毕业生通不过面试，就是因为他们害怕面对陌生人、害怕在人群之中表现自己。

还有另外一种情况：面对人山人海，人们会觉得自己渺小无比，觉得自己做的事没有任何意义，眼前的人似乎都比自己厉害、比自己幸运，这就是从一个极端到另一个极端，从不自信到否定自己。其实，你不知道别人的生活如何，在很短的时间内就认为他人很幸福，是因为你对自己的生活太不满意，因为不满意，所以不愿意多说，害怕多说却成为一种无意义的炫耀。

晓雨是一个"人群恐惧症"患者,她最怕人多的地方,每到人多的场合,她就会手心出汗、心里发慌,甚至出现呕吐反应,她对朋友说起自己的苦衷,朋友听了之后肯定地对晓雨说:"那只是你自己的心理障碍,是一种错觉,不然,你每天都坐地铁,地铁里有那么多人,你岂不是要天天晕倒?"

晓雨静下心来一想,觉得还真是这么一回事儿,她害怕的并不是人群,而是很多人在一起,她又必须说话、必须与人互动的那种紧张状态,一到这样的场合,她就全身不自在。她还记得上班第一天,所有的新员工都要做自我介绍,对着几百个新同事,别人都能侃侃而谈、说自己的情况,她却站在台上直哆嗦,结结巴巴地说了自己的名字之后就赶紧走了下来。

"下次对着别人说话时不要太紧张,把他们当作白菜就行了。"朋友为晓雨支着。晓雨知道事情不是一句话那么简单,但她很想试一下应对自如的感觉。

"把他人当成白菜"是一种简单易行的克服"人群恐惧症"的方法,不去想其他人的存在,一心一意做自己的事,渐渐地,别人的目光再也不能影响我们了。

对于内向者而言,"接受人群"与"被人群接受"同样是个难题,前者的难度更大于后者，因为他们本身的优秀内质可能让他们早早地被其他人认可，进而对他们宽容呵护，但在有的时候，他们还不能展示自己，人们对他们存在偏见。这个时候，"接受人群"就更为重要，不能一看到人群就想晕倒，而是要主动走进人群，"对症下药"，克服"人群恐惧症"：

（1）打破自我设置的"藩篱"

内向者习惯在和人交往时设置界限，一旦过界，就会变得紧张，担心受到伤害，久而久之，无形的藩篱建立起来。"藩篱"的存在不但让外面的人看不清你，也让你把自己保护得太好，看不清这个世界的本来面目。当你未曾接触一件事，仅凭想象，它可能无比美好，也可能无比丑陋，这些都只是你的偏见。只有亲身接触，你才会发现有些事可能没有想象的那么好，但也没有那么糟。

亲近人群，固然会有一些不喜欢的人或事，但每个人都要经过历练才能成熟，你可能会被伤害，但也可能得到真正的善意与关怀，收获真知灼见，成为一生的财富。

（2）不要太在乎别人的眼光

人前害怕，害怕的其实是他人对自己的评价，但是，你就是你，他人的评价并没有那么重要。他人的评价代表不了你的能力，他人的夸奖不能为你增加实质性的资本，他人的批评也不能减少你的能量，那么，你又有什么理由去害怕他人呢？

你害怕的也许是自尊心受损，但一个人的自尊心应该建立在自己的基础上,而不是他人的一两句空话,他们看的、说的只是一时,你的成功失败也只是一时,不过分看重才能有更大的发展。

(3)在人群中寻找自己的位置

很多时候,我们不敢面对人群、不够自信,只是因为我们不确定自己的位置,如果将你放在领导位置上历练一段时间,你可能也会像统帅一样具有领导风范。这个位置有待于自己发现,就像拿破仑说的:"不想当将军的士兵不是好士兵。"你要不断突破自己,才能拥有更强的自信。

一旦你在人群中确定了自己的位置,你就会明白自己的优势,敢于并善于发出自己的声音,即使你的确在某一方面不如他人,但在另一方面,你也会有比他人强很多的优势、长处,所以不必轻视别人,也不必担心别人轻视自己,社交的本质就是一种互补与交换,当你盯着别人的优点时,别人也正用欣赏的眼光注视你。

6. 微笑让你成为安静但易亲近的内向者

作为一个内向者,你是否总会担心自己与外界格格不入或是在人群中显得局促?据观察,内向者有两类,一类是把自己内心的闭塞表现在外表上,常常用惶恐的眼神看着他人,紧张情绪显而易见;另一类是掩饰起心中的不安,用适当的肢体动作表达自己的友好,不把自己放在他人之外，隐藏起紧张和恐惧。

内向者给人的第一印象都是羞涩与不安？其实并非如此，有些内向者给人的感觉是安静、易接近，虽然话不多，却让人有与之攀谈的念头，这是因为他们的脸上始终挂着友善的微笑，给他人留下了极好的第一印象，让人们很自然地认为他们内心善良、对人友好，所以，即使不爱说话，别人也会主动与其接触，这就是微笑的作用。

微笑让人感觉幸福。有位名人说："生活是一面镜子，你哭，它就哭，你笑，它就笑。"一个愿意用微笑面对生活的人，给人的感觉往往是坦荡的、坚强的、阳光的，和这样的人在一起，人们会觉得自己的灵魂也得到了和煦与温暖。人们总是喜欢接近这样的人，不管他们的性格是内向还是外向。

毕可在社团当社工时，曾经帮助过一个聋哑女孩学习绘画。这个女孩经过治疗，听力有了一定的恢复，但始终不能说话。不过，毕可惊奇地发现，不能说话完全没有影响到女孩的生活，她有很多朋友，还经常参加各种户外聚会。毕可留心观察女孩后发现，女孩最大的特点是脸上总是挂着淡淡的微笑，看上去友好温暖，让人心生亲近的念头。即使她与他人沟通有些不便，他人也愿耐下性子看她写字、打简单的手语。她的微笑让人感觉到心灵的美好，让人看到天生的缺陷并没有给她的心灵带去阴影，她与别人一样，生活得幸福快乐，对身边的人充满了宽容与感恩。

一个不能说话的女孩用微笑的语言来告诉他人自己的生活状态、让人信服并喜爱，因为她爱笑，从而使得接近她的人想到的不是她的残疾，而是她舒心的笑脸，这就实现了交流上的一种平等——人们接近她不是因为同情心，而是被她的内在性格所吸引，进而不由自主地想要了解她，这就是她的人格魅力所在，也是她坚强精神的价值所在。

不要小看微笑，它有巨大的价值。微笑是人与人之间最有效的沟通手段，据说在世界闻名的希尔顿酒店，最大的招牌就是服务员们温暖的笑容，这笑容让顾客们宾至如归，这份"零成本"的微笑，却给这家酒店带来了丰厚的盈利。

微笑是内向者的秘密武器，你可以用微笑来掩饰内心的情绪，藏起不安，给人以良好的第一印象。微笑很简单，其中却也不乏一些小窍门。

（1）要微笑，不要傻笑

当别人对你说话的时候，微笑是一种礼貌，也是一种有效的表达方法，但要注意，千万不要把微笑变成傻笑，比如，在别人诉说一件事的时候，你的表情要随着别人的叙述改变，而不是一味地微笑，完全没有起伏变化的微笑看上去太过职业化，有时甚至显得有点儿傻气。不妨在镜子里先练习一下如何微笑。每个人都有最合适的微笑表情，你可以多多效仿那些笑起来很好看的明星，找到最适合自己的那一种笑容，将其常常挂在脸上，会给人以赏心悦目的感觉。

（2）微笑要与自信结合

微笑虽然是隐藏情绪的好办法，但微笑不是一张简单的面具，应该与自信和真诚结合起来。心态不同，笑容就不同，不论和谁接触，都要有一颗平等的心，你不比别人高贵，不必高高在上，更不会比别人差劲，不必刻意讨好。如此一来，你的微笑就会自然大方，像是从心里开出的一朵花，让人向往不已。

（3）心里害怕时，更要微笑

微笑是一种示好，同样也是对自己的一种保护。俗话说"伸手不打笑脸人"，微笑有极强的化解作用，既可化解尴尬，也可化解矛盾，当你的心里对某些人或某些事存在畏惧心理、不知如何沟通时，不妨微笑。

让微笑成为你的第二语言，这种语言没有国界，在任何地方、多数情况下都能适用。说话的时候面带微笑，代表一种礼貌和教养；悲伤的时候露出笑容，代表性格的坚强与独立；思考的时候露出一丝微笑，让人觉得你胸有成竹；困境之时露出微笑，能安定人心，让人愿意依靠……微笑的功用非常多，与微笑为伴，它会带给你一生的财富。

第六章
用心感知他人：用真诚打开对方的心锁

内向者与他人交往，很少会运用技巧，一切如涓涓细水，流入他人的心田。如果他们愿意，他们便能够成为心灵的解读者，让他人说出心底的话语，抚慰他人空虚而疲惫的心灵。一把钥匙开一把锁，人的感知力就是打开他人心锁的万能钥匙，是一种设身处地的能力。内向者不但要了解自己，也要了解他人，用心去感受他人的点滴，了解对方的需要，才能以诚心换真心。

1. 内向者是天然的最佳倾听者

感知能力有两种含义，一种是人们通过观察分析，能够了解他人的心理和情绪；还有一种含义就是修炼出的一种人格魅力，也就是人们常说的"知性"。落落大方又善解人意的人也会成为人群中的亮点。

知性也有两种含义，一种是有学识、有气质；另一种是亲和力。知性的人为什么能够吸引他人靠近？因为他们是最佳的倾诉对象。他们有亲和力，不论是说话还是行动都让人信任，更难得的是他们能够体察人心，安静地听完你说的每一句话，让你觉得温暖。

每个人都有表达自己的愿望，有些时候，他们希望站在讲堂里，面对很多观众，激情地发表演说；有的时候，他们希望坐在能够信任的人身旁，说些心里话。而内向者似乎天生就有成为倾听者的潜质，因为他们大多情感细腻，只要加以学识上的修养和适当的活泼，他们很容易便具备知性的气质，在不知不觉中拥有一些潜在的崇拜者，这些人崇拜的不是外在的东西，而是知性者宽厚柔软、如避风港般的心灵。

多多从小就是个内向的孩子，父母都是老师，擅长教育，害怕女儿患上自闭症，总是鼓励多多多说话、多做事，想要锻炼多多的能力，可多多的性格导致她不爱与人交流，更喜欢抱着小狗一个人玩儿，或者在小花园里一边荡秋千一边唱歌。父母无计可施，暗暗担心孩子将来会变得孤僻。

小学的时候，多多的朋友很少，但到了初中，有些同学渐渐喜欢接近多多，到了高中，多多俨然成了小红人，经常有同学往多多家里打电话，一说就是一个钟头。父母以为上高中后，多多的性格变了，跟班主任老师打听，发现多多一天也说不上几句话。那么，究竟是什么原因让多多如此有人缘？

经过观察，父母发现多多受欢迎的原因就是她的内向性格。多多虽然寡言，但人很温柔，想的事情又多、耐性又好，很多同学有了烦心事、心里话，都喜欢找多多说。渐渐地，多多得到了大家的信任和喜爱，俨然是一个"知心姐姐"。

母亲有一次跟挂断电话的多多打趣说:"知心姐姐,你今天有多少任务?"多多却严肃地说:"妈妈,他们是真的有烦恼才找我,你别拿人家开玩笑。"这时候母亲才发现多多已经是个小大人了,不禁感到一阵骄傲。

"知心"这个词说起来容易,做起来难,如果仅仅是听别人说说话,充其量只是个"情感倾诉的垃圾桶",真正的"知心"是一种包含了理解与关爱的行为,知心人说不尽知心话,为什么说不尽?因为知己难得,说话的人好不容易才能找到一个和自己心灵契合、明白自己的想法,愿意倾听自己的愿望,体谅自己的缺点,又能提出合理化建议的人,因此,想说的话就会越来越多。

想要成为一个知性的人,一定要知道内向者为什么适合当个倾听者,他们的魅力究竟在哪里,是什么使他们得到别人的信任和喜欢。明白了这些,也就再一次看到内向者与生俱来的性格优势。

(1)内向的人敏感,更能体察别人的心情

内向者从小就敏感,能够察觉他人细微的情绪变化。他们能够站在他人的角度,以他人的立场重新看待问题,而不是盲目地下一个定论、指责或否定倾诉者。这种宽容让他们格外具有吸引力。

每个人都需要他人的体谅,因为每个人都有自己的棱角,有些棱角可能不合他人的规矩,却是他们自己最在意的地方。内向者理解这种心理,他们会避开这些棱角,尊重对方的个性。这在人际交往中,是一件难得的事情。

（2）内向者温和，极少疾言厉色

从小到大，内向者不止一次地经历过自卑、沮丧、难过，他们长期与负面情绪作斗争，所以，当他们看到有人陷入同样的苦恼之中时，很愿意助他人一臂之力，帮他们走出情绪的困扰。而且，他们知晓心灵的脆弱，不会采用激烈的方式。在他们温柔的话语、充满鼓励的眼神中，人们能感觉到一种切实的关爱。

（3）内向者守信，善于保守秘密

内向者还有一种品质被倾诉者看中：他们不爱说话。内向者既不爱透露自己的事，更不愿意对别人的事嚼舌根。把心里话告诉他们，就像放进保险柜一样安全。

每个人都有不想被别人知道的一面。作为被倾诉者，一定要知道他人对你倾诉是出于对你的信任，不要将他人的心事作为谈资，要为他们保密。这既是对自己人格的尊重，也是对他人心灵的爱护。

（4）内向者善于深思，能提出有建设性的意见

内向者最大的长处是思辨能力，特别是思辨与经历结合后，会变为一种举一反三、见微知著的能力。倾诉者找人说心里话，一是为了发泄情绪，二是为了寻求帮助。

内向者提意见时会格外慎重，不会信口开河，他们会把说出口的建议当作一种责任，如果结果不好，他们也会自责不已，所以他们不会轻易给人提意见，一旦提出，大多是真知灼见、知己之谈。

2. 真诚才能维系亲密关系

虽然内向者有当倾听者的潜质，但不是每个内向者都能成为知性的人。想要开启他人的心门，并不需要你展示自己有多么优秀、多么吸引人，对方重视的永远是你对他的心意是否真实。真诚才是胜过一切的敲门砖。他人的心，只能用自己的心去感受、去感动，如此才能让对方相信，并愿意走近你、接受你。

人与人的感情为何能够历久弥新，超越时间和空间的距离？除了对彼此的怀念，还有下意识的维持、对对方不间断的关怀。什么样的感情都需要用心经营，经营得好，它就能够坚不可摧，否则，它就只能作为一种回忆与怀念，留在过去。

阿光在海外留学，有时候两三年不回家，父母经常和邻居感慨，说女儿太过于专注学业，虽然成绩拔尖，但总是不回国，大概连家乡话都忘了怎么说。

阿光研究生毕业后，终于回到国内，对父母说今后留在家乡工作，因为离不开父母和朋友，父母喜上眉梢，但又纳闷阿光从高中就开始在外留学，哪里还有家乡的朋友？

没多久，他们就发现自己错了，阿光虽然在国外，和朋友的联系却从来没断过。阿光不是个善于表达的人，和朋友也很少打电话，但她会牢牢记住朋友们的生日、"友情纪念日"，每当这个时候，阿光就会精心挑选一份小礼物寄回来。平日，阿光经常给朋友们留言、写邮件，朋友们在生活中发生了什么事，阿光了若指掌。虽然阿光在外留学数年，但在她的朋友们心中，她好像随时都在身边，见了面还是和以前一样亲切，仿佛从未分开过。

感情的维系并不容易，每个人都有不同的生活，时间久了，性格、爱好也会发生变化，这一点在同学聚会上表现得非常明显。多年不见，那些曾经朝夕相处的同学像是变了一个人，这个时候，你还能保证你们的感情和以前一样吗？故事中的阿光就是一个维系感情的高手，她通过不间断的联系，让自己与朋友们的生活息息相关，这样的友情很难变质。

维系亲密关系的基础和前提仍然是彼此的真诚，此外，你还需要注意以下方面，以期和朋友们相处得更融洽。

（1）要直接表达你的感激与喜爱

虽然人们常说"大恩不言谢"，但感激是你最应该直接表达的感情之一。别人为你付出不是为了你的感激，但你的一句"谢谢""如果不是你，恐怕我……"却会让对方看到自己付出的价值，觉得自己的心意没有白白浪费。

和感激一样，喜爱之情也要直接表达出来，不要藏着掖着。每个人都想要被别人喜爱，如果你能坦白地说出来，对方会觉得自己的优点被你承认、缺点被你包容，亲密感油然而生。内向者含蓄，偶尔为之的坦白更会让对方心花怒放。

（2）肢体语言不可少

有时候，说话不足以表达人们的激动，就像足球比赛结束的时候，为了庆祝胜利，队员们常常用拥抱代表他们的激动心情。

小时候，我们经常唱"敬个礼、握握手"，这就是在教育我们肢体语言在交际中的作用。当别人难过的时候，你可以通过语言表达你的同情，也可以无言地拍拍对方的肩头表示你的理解。有时候，肢体动作比语言更有表情达意的效果，可谓"此时无声胜有声"。

（3）敷衍性的话语要少说

敷衍是真诚的大敌，如果你总是对别人说一些敷衍性的话语，例如，"等等啊""我看看吧""这件事啊，哈哈，我再想想"，而不帮别人解决实际问题，永远做口头文章，谁会相信你的真诚？

如果你的确有困难，不方便即刻回答朋友的询问、帮朋友的忙，也该用明确的语言告知，而不是让你的朋友一等再等。敷衍性质的话一定要少说，最好别说。

（4）实际行动胜过千言万语

实际行动就是最大的真诚，不论是感激、喜爱、关怀……行动是感情的最好表示，说的话再多，也不及一个切切实实、表达心意的举动。如果你关心别人，就切实地帮助他，当一个常常给他提意见的净友，或者当一个能够为他查漏补缺的挚友，或者做他诉说心里话的密友……就算你们的距离遥远，也要时常联络，了解对方的情况，表达你的关心。

真诚出自内心的欣赏和亲近，不是为了某种目的，真诚不求回报，也不计付出，所以它才有打动人心的力量。内向的人在内心深处保留着生命本质的纯净，保留着对人与人关系的单纯向往，将这些东西化为对他人的真诚，你就能敲开每一扇心门。

3. 请勿忽略与自己同样内向的人

内向者遇上内向者，会不会像没嘴的葫芦遇到塞满饺子的茶壶，大眼瞪小眼，一句话都说不出来？其实不然。多数情况下，因为性格相似、遭遇相似，内向者彼此相处会更融洽、会更理解对方的感受和行为，彼此关怀体贴、无微不至。

内向者都喜欢和外向者做朋友，因为性格不同，更利于取长补短，也可以让自己体会到另一种人生、见识更多的东西。其实，内向者不应该忽略与自己性格相同或相似的人的交往，因为他们是现成的"教材"，能够在他们身上看到自己的缺点。观察与自己同样内向的人，总会有恍然大悟的感觉，比如，"我遇事难道也这么紧张吗？""我听人说话的表情也这么不自然吗？"进而开始观察自己、检讨自己，并改正这些缺点。

内向的人互相交朋友，会有很多共同语言，还能成为共同进步、互相提携的伙伴。需要注意的是，内向者天性被动，总是需要有一方比另一方主动，否则，他们只能当"平行线"，远距离欣赏对方，不会有交集。

庄静上大学后，有了个很明显的变化：她比以前活泼了不少。以前她总是闷不吭声地一个人看书，即使别人主动和她说话，她也不爱搭理。现在，她会主动和人打招呼，还会亲切地和他人话家常，更让同学们跌破眼镜的是：据说庄静加入了大学的辩论队，就连庄静的父母也说："我家小静……真没想到……"

庄静从小就喜欢"静"，她是公认的好学生，也是众所皆知的内向孩子。因为这种性格，庄静没有当过班干部，也不喜欢集体活动，当她以优异的成绩考上重点大学后，班主任还不放心，打电话来嘱咐她：到了大学一定要开朗一点儿……

一年后，庄静就有了如此明显的变化，大家都以为庄静到了新环境"想开了"，其实，一切只是因为庄静遇到了一个比她更内向的舍友。

舍友小玉比庄静小一岁，如果说庄静"文静"，那小玉简直有自闭的倾向，平日连一句话都不敢说，如果旁人大声冲她说话，她就会想自己是不是哪里做错了，惹人家不快……看到这种情形，善良的庄静只好处处关照小玉,以免她害怕。

因为要锻炼小玉,庄静自己首先要做出活泼的样子。为了让很有学识的小玉发挥她的特长,庄静还硬拉着她加入系里的辩论队。后来,两个人因为表现好,都被校队选了去。庄静没想到,自己过度内向的问题竟然通过这种方法得到了解决。

故事里的庄静是个善良的女孩,她看到有人比自己更内向、更加不习惯集体生活,只好让自己先活泼起来以鼓励对方。当一个内向者想要照顾另一个内向者时,他往往会变得比以前更容易让人接近、更有亲和力,他会尝试更多的东西,就像开启了一扇未知的门。在这个过程中,他其实是在照顾自己、提高自己。

在交往中,人与人能够互相影响,亲密的人之间更会被对方的习惯所影响。和内向者交往的时候,要注意改善自己、提醒对方,不要两个人在一起后更加封闭、更不爱与人接触。既然成为朋友,就要为对方负责。那么,如何与内向者相处呢?

(1)主动

想与比自己更内向,或者与自己一样内向的人做朋友,主动是个前提。不过,内向者非常被动,常常不知道如何主动,害怕引起对方误解,更害怕对方拒绝。

内向者似乎忘记了一个重要的问题:对方是个敏感的内向者,你的一个善意的举动就能让他察觉到你的用心。因为思维相似,你们的交流会简单得多。外向者互相打个招呼就能成为朋友;内向者不用打招呼、互相交流几句,就能成为朋友。

(2)观察对方,和对方一起完善自我

交流是为了双方的进步,当你有机会与内向的人长久相处,不妨把对方当作一面镜子,在他身上寻找你的优点和缺点,然后一起完善。观察对方的行动的同时要自我分析,以提高自身。当你不再形只影单,你会更加热情地发掘自身,并为对方考虑,这就是内向者互相交流的益处。

(3)付出更多的耐心

内向者本身有一些难以克服的缺点,比如对待陌生人太冷淡、对待密友却爱使小性子,这个时候你不妨想想自己,如果自己这样无理取闹是希望得到什么?显然,是为了得到对方的关注。理解了另一个自己,你就能付出更多的耐心。

要知道,你的耐心不会白费,因为内向者有极强的感恩意识,你对他好,他嘴上也许不说,却会牢牢记在心里,而且会按照你的愿望逐步改善自己,如此,你会发现对方的情况越来越好、对方的吸引力越来越大,除了对方的努力,你同样功不可没。

(4)要做个好榜样,与对方共同提高

当你比一个内向者更先一步伸出手,当你为了对方愿意做那些从前不敢做的事,那么你正在走出封闭的内向世界,你的举动也同样给对方巨大的触动。

有时候，真诚是一种激励他人的力量，当你改变自己时，珍惜你、心仪你的人也愿意为你改变，从前，你们的心是紧闭的，现在，你们互相打开了对方的心门，这种惺惺相惜的感情最值得呵护珍惜、一生相随。

4. 调节冲突，先改善他人的情绪

在生活中，每个人都不可能与他人一直融洽相处，冲突同样是生活的必备品。当你与别人发生冲突，但只要用心解决，向别人表明你的诚意，冲突就不会激化；反之，如果你心不在焉，别人会认为你丝毫不把这件事放在心上，也就等于没有任何解决问题的诚意，这时候，他又怎么会没有情绪？

面对冲突的时候，你需要做的是缓和他人的情绪。冲突的实质并不是你死我活，而是在相互的磨合中，让事情向着更好的方向发展。

在一家大公司，销售部的周主任最有威望，深得上司的器重、下属的佩服，这让同等级的其他管理人员很不高兴，周主任对此很无奈。有位王经理就常常在老总面前打小报告，次数太多，老总听得不耐烦了，只好对王经理说："小周做得好，自然有他的道理，你为什么不能学习一下他的优点？"

"我觉得我们资历相当，我去年的业绩甚至比他还高。"王经理是个爽快的人，说话也不藏着掖着，坦率地抒发着心中的不满。

"业绩高只是一方面，一个领导更需要做好团结员工、鼓舞士气的工作，这对一个公司才是最好的。就拿与下属的关系来说吧，你让下属去办事，总是一副上司对下属的命令口气；小周却总是客客气气，经常说'有件事想拜托你'这类的话。员工做错了事，你不问青红皂白，就是一顿骂，小周却像长辈一样帮对方分析错误，制订下次的计划。你如果是一个员工，更愿意跟着哪位经理？"王经理被老总说得灰溜溜的，没回一句话。从那之后，他经常观察周主任的举动，暗暗改善自己，后来，他成了和周主任一样出色的领导者。

在这个故事中，周主任就是一个解决冲突的高手。众所周知，上司和下属既是一个密切合作的利益共同体，也是常常发生冲突的对立个体。下属做错了事，上司要承担责任，很容易就会把脾气发在下属身上。面对这样的冲突，周主任选择站在对方的角度为对方考虑，他知道事已至此，指责并不能挽回损失，需要做的是如何弥补以及如何保证下属不犯同样的错误。

面对冲突，内向者容易自乱阵脚，看到对方勃然大怒，心中很迷茫，不知道如何是好，其实这都是由内向者柔软的性格导致的。在这种时候，你要告诉自己公事公办，有私交要先放下，有私怨也要先放下，好好想想如何找到最好的解决办法。你无须害怕对方的脾气，也不必计较对方的失礼。以下方法可以供你参考。

（1）找出冲突的根本原因

如果你愿意观察，就会发现，冲突中真正的焦点往往都在于具体的某个细节，例如责任的分配、彼此期望的失衡等，你们的共同目标是让对方按照自己的意思行事。这是一种情绪冲突，不是解决问题的根本办法，甚至不是办法。

想要解决冲突，首先要抛开对立的情绪，客观地看待事情的目的与环节，了解究竟出了什么错误，双方的分歧到底在哪里、能否解决。抓住根本才是解决问题的最好办法，纠缠于细枝末节只会浪费更多的时间。

（2）分析双方的利益点，找出共同合作的目标

因为利益而发生的冲突，应该用共同利益和彼此让步加以解决。合作才是最终的愿望，既然如此，就要放下彼此的脾气，看看双方在哪些方面能够保持一致，这些一致点就是合作的基础。有了共同合作的目标，冲突就能迎刃而解。

（3）与对方友好交流，协商解决问题

当彼此有了解决问题的诚意，不妨静下心来说一下自己想到的解决方案，也听听对方的说法。不要匆忙否定对方，而要试着尽可能多地包容对方。在这个过程中，注意不要发生新冲突。你们可以反复商谈，直到达到一个双方都能接受的结果。

5. 不要以己之心揣度他人的需求

在生活中，我们常常会听到这样的抱怨："谁也不了解我。""为什么他们不为我想想？""为什么他们不知道我真正想要什么？"他们抱怨的对象往往是那些关心他们、与他们有密切关系的人，显然，这些人的感知能力不够。

感知力高的人能够用心体会对方的意图，他们与人相处的方式就是"了解""为他人着想""明白对方真正想要什么"。而一般人则认为，真正关心一个人，最需要做的是"付出""以自己的方法关心对方""做自己认为对对方好的事"，所以就造成了事情做了一堆，不但没换来对方的高兴，还落下一句"你不了解我"。

人与人之间的了解是个永恒的话题，一个人很难真正地、完全地了解另一个人。两个人性格不同、思维不同，在他们的关系中，难免有"想当然"的成分。可是，你想的未必是对方想的，你付出的恰恰可能是对方反感的。在人与人的交往中，你最需要了解的不是对方喜欢什么、讨厌什么，而是对方需要什么，这才是打开对方心锁的关键。

代沟几乎是每个有孩子的家庭都要面对的难题，马先生就经常和朋友抱怨："真搞不懂我女儿在想什么？从来不肯好好听我说话，我说的话都是为她好，她却从来不照着做。"有时候干脆说："这孩子简直没救了！我真希望没有这个女儿！"

一个朋友听得多了，有一次问他："你是不是觉得，因为她不肯听你说话，你才搞不懂她、没法了解她？"

马先生点头说："对啊，我和她说不到3句话，她就一脸的不耐烦。"

"可是，你想了解她，难道不是应该听她说吗？"朋友提醒。

马先生思考了一会儿，这才恍然大悟，随即沮丧地说："可是她现在根本不想跟我多说话，这怎么办？"

"那是因为你平日太爱教训她，她已经失去了跟你沟通的信心，以后你多多关心她需要什么，不要总摆长辈的架子，要像朋友一样跟她谈话，慢慢地，她自然就爱说话了。"

马先生按照朋友的话去做，半年后，果然和女儿成了无话不谈的朋友。

在亲子关系中，"父母不理解我"和"孩子不明白我的苦心"出现的几率几乎同等，父母认为自己的孩子当然应该跟自己一样，用自己认为对的方法来关心教育子女是天底下最正确的事；孩子却认为父母处处与自己不同，还总以为很了解自己，总是擅自决定，干涉了自己的生活。他们之间不能沟通，代沟自然就越来越深。

人与人之间因不能理解而造成的鸿沟不仅存在于亲子之间，有时候，自以为是的了解会成为人与人之间顺利交往的最大障碍，当自以为是变成自作主张，分歧就会产生，而双方还会吃惊地问："怎么可能？我这么了解他，我竟然错了？"了解不是想出来的，而是问出来的、听出来的、看出来的。当你不能做到以下3点，千万不要说你已经了解了对方究竟需要什么。

（1）要问，不要猜

有一个成语叫"感同身受"，当一个人难过或焦急时，身边的人可能会说："我也有过类似的经验，所以我理解你的心情。"然后开始滔滔不绝地分析这件事，讲自己认为高明的解决办法。然而你要知道，你的理解未必是他的理解，你的情况也不等同于他的情况。

当你想要真正了解一个人的想法时，不要因为自己有类似的体验就自作主张地认为对方一定有相同感受，你需要做的是细心地询问，让对方慢慢说出自己的心情，这样你才能真正了解对方的意图和心理，了解对方真正的性格。

（2）交流之前，不下定论

每个人都是价值观的主体，他们只能依照自己的思维对他人下定论，但是这种结论未必正确，因为你拿的是自己的尺子，并不一定适合别人的尺码，而适合所有人的尺子，迄今还没被人们发现。

在与对方交流之前，不要匆忙下结论，不要在没有听到对方的说法时就去分析，也不要只听只言片语就说出错与对。就像数学上复杂的演算题需要很多步骤，你也应该尽可能多地去了解事情、还原真相，然后再得出自己的结论，这个结论往往能够让对方信服。

（3）多听，少出主意

有时候，我们对朋友的事很热心，恨不得帮对方解决所有难题，听到对方有困难，立刻给对方出主意。但是，你出的主意并不一定符合对方的情况，以对方的能力也不一定就能够做到，何况，对方在倾诉之前也许早已有了自己的考虑，你的主意可能会让对方为难。

最好的办法是等待对方的求助提示，例如，当对方问："你说我该怎么办？"这个时候你才应该打起全部精神帮对方分析，给对方建议。在对方求助前，你还是乖乖地做个听众为妙。

6. 释放自我，真正拉近与他人的距离

内向的人常常给人以沉闷的感觉，他们自己也常常觉得闷，好像所有的感情与热情都藏在某个看不见的角落里，不能释放，也让人不能看到他们的真面目。外人觉得他们看上去躲躲闪闪，像是在玩捉迷藏；内向者自己则觉得明明有很多话想说、很多事想做，却仿佛有个罩子罩住了自己，无法施展拳脚。

有一个词叫"作茧自缚"，是说人们用自己的行动和性格给自己设定了心理上的界限，不敢越雷池一步，没有人规定他们什么，也没

有人阻碍他们，他们规规矩矩地站在界限之内，对界限外的世界充满不安，潜意识里躲避自己不熟悉的东西，就像被一个茧包住。

人格也是如此，我们所处的环境、所经历的困难就像包住我们的茧，如果我们安于现状，这个茧未尝不是一个安逸舒适的窝，让我们一生平安。但是，人们总是渴望不一样的生活，所以要不断挣扎、不断成长，突破现状，完成蜕变，这时，我们就会发现，自己已经变成拥有翅膀的蝴蝶，完成了一次生命的释放。

在班级里，笑笑似乎是个"神秘主义者"。她长得很漂亮，性格也很温柔，不论哪个同学跟她说话，她都报以浅浅的笑容，看上去很舒服。此外，她的学习成绩也不错，总在班级的前10名之内，一些男生暗暗喜欢她，女生们常常羡慕她，但是却没有人知道她的爱好，没有人知道她的家庭，她对自己的一切讳莫如深，从不谈论。

笑笑没有朋友，很多跟她接近的人都说笑笑看上去随和，但非常不易接近，她从不跟人说心里话，她的同桌甚至不知道她喜欢什么颜色，没有人能了解她，没有人能接近她，久而久之，笑笑身边的同学觉得他们不被信任，便自然疏远了笑笑。

其实，笑笑没有那么神秘，她只是太过内向，不知道怎样和他人表达自己，她也希望得到别人的了解和友情，可是，在别人眼中，她却是矜持、神秘的，就像一朵放在玻璃盒子里的花，只能远观，不能接近。

生活在封闭的状态中，就会像故事中的笑笑，看上去神秘，实际上却很孤独。他们对自己闭口不谈，特别是对自己的隐私守口如瓶，久而久之，所有人跟他们说话都只能点到而止。人与人的交往贵在相知，既然对对方一无所知，交往又怎能继续下去呢？

只有释放自我才能真正拉近人与人的距离，想和别人做朋友、想了解别人、融入别人，不能只让对方坦露心声，自己却永远处于旁观状态。只有真诚才能换来真诚，想要自己更加真实，就要抛下内心的惧怕与防范，主动敞开心扉。

（1）释放自我，需要主动"暴露"

每个人都可以与他人真诚地交流，这与性格无关，是人的本性之一。人与人的谈话不能仅限于古今新闻、家常琐事，还应该让人了解你的状况、情感、性格等，从而让别人对你有更全面的认识。所以，在人际交往中，你可以在心理上主动一点儿，主动坦露心扉。

其实，每个人都希望别人倾听自己的心事，想要开口却有诸多顾虑，内向者尤其如此，他们心思重、心事多，既怕他人笑话，又怕得不到认同。不过，你不主动说，就永远走不出封闭的状态，主动一点儿，其实交流没有那么难。

（2）自我坦露，需要由浅到深

坦诚是一件好事，但是，在不合适的时机过于坦露则会显得突兀，让双方都尴尬。自我坦露是一个由浅入深的过程。比如，你可以先说说自己的喜好，然后再说自己对人对事的看法。在互相了解、互相信任的基础上，说说自己的生活状况、社会关系。如果你们成为无话不谈的知己，也可以说说你不为人知的隐私，让对方给予意见或安慰……这些交流会增加你与朋友的亲密感，让你们的感情进一步升温。

（3）坦诚是双方的事，不要单方面"暴露"

坦诚是一件好事，但一定要确定坦诚的对象是否合适。并且，当你想要对别人诉说什么，也要确定对方想不想听你诉说，愿不愿意对你诉说。坦诚不能是一个单方面的举动，任何单方面的"暴露"都会给两人的关系带来影响。

不论如何，对他人坦诚是自我释放的第一步，内向者不要把自己藏起来，有优点，不妨让别人欣赏、让自己骄傲；有缺点，不要担心别人嘲笑，谁能十全十美？既不要肆无忌惮地说自己的隐私，也要顺其自然地对人坦诚，给人留下最好的印象：远观动人，近赏宜人。

第七章
建立外向意识：与外向世界舒适同行

> 外面的世界很精彩，作为一个孤僻而内向的"独居者"，如果你愿意打开心门，发现世界并不是你居住的小房子，而有更宽广的天地，你会真正领略世界的面貌，从而让你想去更多的地方、学更多的东西、认识更多的人。面对外向世界，内向者需要的不仅有能力上的准备，还要有精神上的外向意识。

1. 善深度的内向者，需要拓宽思维的广度

本书在前文中已经不止一次地讲述了内向者的优点：长于思辨、有毅力以及坚持不懈。但是，不要以为有了这些长处就可以"躲进小楼成一统"，在没有足够的阅历之前，内向者的"躲"只不过是对外在世界的一种逃避。

内向者喜欢追求深度，所以他们深思熟虑，独自在花园散步的时候，常常有一些奇思妙想；外向者喜欢追求广度，他们更愿意背上行囊，去没去过的地方，认识更多的人。一个人如果仅仅追求深度，他的思想里就会缺少一些重要的东西：虽然有想象力，但少了真实。

当然，我们不得不承认，有很多思想家、艺术家，他们把自己

关在小屋子里，一样可以取得伟大的成就，但要知道，他们的成就绝对不是凭空而来。即使他们不与社会接触，也会通过资料来充实自己的思想。一个人不光要有思维的深度，还要有阅历的广度，否则，思维就只会钻进一个点、一个范围，而不是宽广的世界。

有一次，一个农民去听大哲学家罗素的讲座，他非常激动，在演讲结束后拉住罗素不放，向罗素请教："罗素先生，哲学是一种关于思想的学问，你的思想一定是在长时间的沉思中得来的，对吗？"罗素觉得这种说法并不严谨，但一时想不出有什么问题，只好点点头。

农民如获至宝，回到家后扔掉他的锄头，对妻子说："我不种地了，今后我要每天思考问题，很快，我就能成为一个哲学家。"

妻子知道缘由后哭笑不得，对丈夫说："就算是罗素，也不会整天把自己关在书房胡思乱想，他要从事学术研究，还有一份自己的工作，要接触各行业的人、结识优秀学者，否则他怎么会变得有思想？我看你还是先把今天的活儿干完再做你的哲学梦吧！"

人的知识结构有两种层次：一种是通过书本和教学得来的"书面知识"，既包括动脑学习，也包括动手实验，还包括道德规范；另一种是通过实践得来的"社会知识"，既包括实践技能，也包括人与人之间的相处之道，还包括我们对待问题的态度。前者的知识面不能说不广，但与后者比起来，总少了点儿生机和内容。

人的个性也应该有两种层次：一种是与生俱来的；另一种是后天与环境相互作用形成的。如果一个人没有开放的心态，不能投入到外界学到真正的知识，他就只能停留在第一种层次上无法深入发展，个性单纯懵懂，学识一知半解。所以，人的发展既需要深度也需要广度，心态上的开放是"广"的前提。

（1）不要将自己的思想局限在一个领域

如果一个文科生只知道唐诗宋词，连"转基因"这样的热门话题都一无所知；如果一个理科生只知道实验步骤，不知道谁是李白、谁是杜甫，他们在各自的专业领域可能是好手，但你总会觉得他们的思想太过单一，无法与他们谈论更多的话题。

人们常说，学习忌讳"什么都会一点儿，什么都不精"，但思想没有这个忌讳。你思考得越多，想的方面越杂，你的思想就越丰富，也会因此拥有触类旁通的能力。

（2）学习那些你不擅长的东西

一个好学的人从不拒绝知识，他会主动了解学习自己不擅长的那些知识，以此锻炼自己的接受能力。研究那些不擅长的问题，既可以考验自己的毅力和解决问题的能力，又可以丰富自己的学识，让自己对另一个领域有近距离的了解。世间的学问大都是相通的，你的思路越开阔，解决问题的能力就越强，越容易产生出人意料的想法。

（3）接触和你有差异的人

内向者因为喜好单一，喜欢接触同一类型的人，这是缺乏外向心态的表现。人与人之间有差异才能产生碰撞，只接触和自己相似的人，只接受自己能接受的人，相当于几个你形成了一个群落，看似开放，实则封闭。内向者应该多接触与自己有差异的人，体味人生百态，才能对世界有更清晰的认识。

（4）多和成功、有智慧的人做朋友

跟什么样的人接触，就能带来什么样的习惯。如果怀抱学习的心态多去接触成功之士和博学之人，从他们身上获得很多成功的经验和智慧的信息，就能让自己更加渊博，成为一个既"深"又"广"的人。

2. 不要让喜恶决定你的接受能力

在孩童时代，我们看一部电影，会把电影中的人和事分成两类，一类是好的，我们便喜欢，另一类是坏的，我们便厌恶。这种非黑即白的观点简单明了，所以小孩子的喜好也很简单，喜欢的就是好的，不喜欢的就是不好的。内向者的心中总是住着这么一个小孩子，看到自己喜欢的东西便忽略缺点，愿意主动、愿意迁就，只要接近就觉得高兴；看到不喜欢的东西，不论那个东西有什么好处，就是无法产生兴趣。

然而，这世界没有单纯的好坏之分，每个人都有好的一面，也都有你不喜欢、不欣赏的地方。面对外向世界，内向者最需要提高的是接受能力。如果心灵过于脆弱，只能接受自己愿意接受的，容忍不了自己接受不了的，内心就会始终被孩子气的是非观所折磨。

接受不能是片面的、有选择性的，既然接受，就要了解得全面，接受得完整。人的接受能力由什么决定？见识、心胸。有见识的人不会小看任何人，有心胸的人能够宽容别人的失礼，甚至是对手的冒犯。

17岁的丹尼斯是业余网球爱好者，在市里小有名气，他有一个竞争对手叫杰克，比赛中只要遇到杰克，他必输无疑，丹尼斯视杰克为劲敌，对杰克的事总是抱着本能的反感态度。

丹尼斯的姐姐萝丝知道弟弟的心病，就对他说："有个对手是好事，你想不想打败杰克？想的话，你就要经常看他的比赛、经常观察他，把他的绝招都学来，最好还能和他成为朋友，经常切磋，这样才能让你更好地发展。"

对于丹尼斯来说，去了解、接触一个自己讨厌的人是件痛苦的事，但他还是相信了姐姐萝丝的话。此后，他果然经常跟杰克切磋，杰克的比赛，他每场必看，观察杰克的动作，如果是比自己好的就立刻模仿，同时也记下杰克的弱点。通过接触，丹尼斯发现杰克这个人很大方，会主动为自己提意见，感动之余，也将自己对杰克的观察全都说了出来。

后来，丹尼斯和杰克成了无话不谈的朋友。丹尼斯觉得在与杰克的交往中，自己的进步越来越明显，他越发感谢萝丝的建议。

人难免会有自己的喜好，就像故事中的丹尼斯，他无论如何也无法喜欢自己的对手。的确，对于一个总让自己品尝失败滋味的人，怎么能对其产生正面感情？很多人都活在自己的喜好中，就算知道对方不错，也不想和对方结交。说到底，他们迈过不去自己心里的那道坎，也许是因为妒忌，也许是因为话不投机，也许是因为别人身上有自己深恶痛绝的缺点，当他们拒绝对更多的人开放自己时，也就同时错过了更多的进步机会。

仅凭喜好接触他人、接受事物是明显的内向思维，在思想上，你仍然走不出封闭的圈子。你走出自我世界，看上去比之前更有外向意识，其实只不过把过去的生活范围稍稍扩大，放进一些自己喜欢的人和事物，生活仍然完全按照你的意愿布置，其本质并没有发生变化，也就是说，你看上去比从前开朗一点儿，心理上却仍然固执地围绕自己的意愿。

如果不能改掉这种思维习惯，你的开放只是一种内向的开放，在你的世界打开了一个小门，只有特定的人才能进去，你也只肯接纳特定的东西。真正的开放心态不是如此，就像海纳百川，不会在意某条小河是否浑浊，否则，大海怎么会有磅礴气象？那么，如何才能在与人接触时不让喜好决定一切呢？

（1）与人接触前，不要心存偏见

内向者的交际面并不广，他们认识新朋友，多是经由老朋友介绍或者在自己熟悉的环境听说过某些人，在特定场合打了照面。因为事前有所耳闻，内向者会根据别人的评价在心里产生一定的印象，在接触过程中始终带着这种"印象情绪"与对方交流，这就出现了他们对有些人很热情，而对有些人却敷衍的现象。

先入为主不是一个好习惯。在你并没有接触过一个人之前，因为别人的几句话就戴了有色眼镜会让你无法得到正确的判断。别人的说法带有他们的个人情绪，你毫不思考就拿过来用，对新认识的朋友来说并不公平。何况，别人说好的未必好，别人说坏的也许只是因为误会。相信自己的眼睛，别在自己接触之前就轻易下定论。

（2）克制自己内心的忌妒

每个人心中多少都有些小情绪，看到那些优秀的人，忍不住会想，如果自己也有他们一样的成绩该有多好？或者，看到那些外貌出众、地位超群的人，也会忍不住想，假如自己有他们的条件，生活会怎样……这时候，忌妒的情绪悄然产生。聪明的人会选择把忌妒心变为进取心，既然眼前有一个自己羡慕的人，就以他为目标，学习他的优点与长处，站在前面的人未必是敌人，还可以是榜样，以此督促自己不断进步。

（3）不要在意小的摩擦

人与人相处难免会产生摩擦，性格与性格之间总会有所碰撞，磕磕碰碰在所难免。对待摩擦应该抱以宽容，他人和你产生矛盾，仅仅是因为观念不同，不要动辄上升到自尊的高度，没有自信的人才会整天把自尊挂在嘴边，聪明的人从不犯"一叶障目，不见泰山"式的错误，他们懂得容忍别人的小缺点，这种态度也会得到对方的尊重。

（4）不要随便否定他人

在人与人的交往中，内向的人常常听到这样的告诫："没事不要说重话。""重话"，一般是指对他人不留情面的否定，这种否定不论在当事人面前提出，还是在背后说起，都是不恰当的。聪明的人不会随便否定他人，因为每个人都有优点，你可以否定一个人的某个缺点，但不能认为一个人一无是处。何况，你对他人能了解多少？对他人有一知半解就加以否定，这是非常不准确且不负责任的判断。

3. 对生活有足够的考量，也有足够的乐观

当内向者终于打开心扉，尝试进入外在世界，他们会发现外在世界虽然有阳光绿树，同样还有风风雨雨，有时候阴雨连绵，完全看不到阳光的影子，每当这时，他们都会情绪持续低落，恨不得继续缩回自己的"安全堡垒"。不过，他们也会在心里告诉自己："如果回去，

不是在追求个性自由，而是在困难面前做了逃兵。"于是，内向者陷入了两难的境地。

世界并不是你想象的那么美好，但也不是那么黑暗。内向者经常给自己消极的心理暗示，这是一个需要克服的弱点。每当面对困难的时候，内向者还有这样一种倾向：他们首先做的不是想办法解决困难，而是把这种困难归咎为外在世界，心想：如果自己始终像以前一样生活，又怎么会遇到这种考验？内向者必须知道的是，困难来自外在世界，但你对抗它的勇气、解决它的力量却来自内心。

一位老水手正在给自己的孩子们传授海上经验，他问孩子们："如果有一天，你们驾船出海，遇到突来的暴风雨，这时附近没有海港，你们会怎么办？"孩子们说："当然是立即掉头，尽量远离风暴，保证船只的安全！"

老水手摇着头说："不对，你们这样做更危险，因为船再快也快不过风暴，你们的做法只会增加待在风暴圈里的时间。"

"那么，我们该怎么办？"孩子们问。

"你们应该开足马力，向着风暴冲过去，只有这样才能减少与风暴接触的时间和范围，也只有这样，你们才能尽快冲出风暴。就像你们在生活中，如果对着困难冲过去，就有可能战胜它，否则只会被它追着打。"

我们每个人的人生都像一条船,在生活的海洋里颠簸,既享受着万顷波涛的自在,也常常会遇到暴风骤雨。在困难面前,内向者应该学会调整自己的心态,一味地给自己悲观的暗示只会促使你临阵脱逃;乐观而执着则会让你冷静下来,在困境中审时度势,然后像故事中的老水手那样,迎着风暴,加大马力。所谓困难就是如此,你解决的速度越快、力度越大,它就越不可能对你造成太大的伤害。

外向意识是一种需要考验、需要磨炼的意识,单纯的好奇、一时的激情不足以让它对你的人生产生深刻影响,因为外在世界也有一成不变的平庸面,更有冷水连盆浇下的困难面,仅凭好奇和激情,几个回合下来恐怕就要大失所望。想要培养外向意识,先要让自己有足够的承受能力加足够的信心,记住以下3条法则,它们会伴随你一路前进。

(1)智慧与善良同在

一个懂得为他人着想、心怀善良愿望的人,不容易让外在世界的诱惑干扰你的心智。不要因贪图享受而放弃良心,不要因爱慕虚荣而丢弃原则,不要因心怀私欲而扭曲善良的本质。善良的人宽厚朴实,是人人尊敬的君子,他们也许一时间没有显赫成就,但他们终有一天会有丰富的人生。

与善良为伴的应该是你的智慧,智慧不会凭空得来,对于稍显笨拙的内向者,智慧需要在无数次失败中总结提炼。不要因为柔软就屈从于困境,要始终保持清醒的头脑、冷静的判断力和与人为善的意识。

（2）勇气与努力共进

面对外在世界，最需要的不只是技能，还有勇气。内向者最缺少的恐怕就是一份抗打击的勇气。在一个压力无处不在的时代，人们每天都在被巨大的压力挤压，就连那些看上去光鲜的成功人士也常常担心自己会被压垮，这个时候，你不妨看一下身边的榜样，参照那些成功对抗压力并走向成功的人，他们的经历能够给你极大的启示。

努力既是勇气的结果，也是勇气的来源。一个勇敢的念头会让你发愤图强，而这个努力的过程会让你知道困难并不那么可怕、不可征服，于是你得到了更多的勇气和信心。所有的成功都是勇气与努力共同作用的结果，你不能放弃任何一个。对于内向者来说，进入外在世界本身就是一种勇气，那么，为了这个决定，你更要加倍努力才行。

（3）沉默与深思并存

内向者都向往过自己有一天也能"舌战群儒"，在与人争辩时舌灿莲花、头头是道。他们很看重自己并不具备的能力，并认为会说话的人在外在世界才能吃香，其实这是一种错觉。口才固然重要，但实力同样不可小觑，没有成绩，声音再高，说得再好听，也不会因此而获得认可与成功。很多时候，人们看重的不是你说了什么，而是你做了什么。寡言的思想者同样可以是成功的思想者。

人活着不能仅仅做一个乐天派，什么都不在乎、什么都不想，这是一种虚无论调，没有多少分量，对待生活必须有足够的考量，才能有足够的警惕。面对困难，我们要有清醒的头脑，要乐观，这才是我们自始至终的态度，在这种平衡的心态下，就像风扬起船帆时，只有双手紧紧握住舵，人生之船才能在你手中一路平稳地行驶。

4. 根据对方特点量身定做沟通话题与方式

或许，内向者很希望有一本量身定做的教科书，上面写着他们即将遇到的人，并说明这个人的性格、交往时有何注意事项。不是内向者偷懒不愿思考，而是他们在外向世界常常遇到这样的困扰：人与人千差万别，无法在第一时间找到最佳的相处方式。其实，太过刻意的态度、太有针对性的话语反倒会让他人感到不适，你有你的优点，就算在第一时间找不到最佳方式，在第二时间、第三时间、第四时间……等到你们有了足够的了解，方式自然而然就找到了。

在人与人的交往中，决定你们关系的往往不是出色的交际能力、讨人喜欢的外表、高贵的身份，而是对待他人的态度。反过来想想：两个同样优秀的人在你面前，一个眼睛长在头顶，看都不看你一眼；另一个看上去很亲切，正在对你微笑，你会选择哪个做你的朋友？人们常常赞美某些人天生有亲和力，亲和力的关键不是面善，而是那些人得体的态度。

态度并不是一成不变的，它有平等、尊重的本质，也同样需要一些小变化，因为你面对的是不同的人，性格不同、喜好不同。同样的笑容，有些人可能觉得你亲切，有些人却会觉得无事傻笑的人大概想用表情掩饰能力的不足。对前者，你的笑容就是你的魅力点；对后者，严肃一些、直接拿出自己的学识才会让他折服，这就是态度的区别。

一位作家在文章中提到过家乡的一家饭店，那家饭店并不大，每天宾客盈门，因为大家都喜欢这家饭店的老板娘。喜欢她，并不是因为她漂亮，而是因为她的细致体贴。

老板娘很热情，客人进门，她会根据客人的衣着推荐饭菜，例如："师傅，下班了？今天的熘肝尖不错，配上一两白酒，正好暖身子。""你是学生吧？读书读得人都木了，不如来个苦瓜炒肉，明目去火。""你刚从公司出来吧？今天有烩鱼丝，来一盘，又营养又不怕胖，最适合姑娘吃……"她会根据客人的需要提出建议，也不会怂恿客人多点菜，这里的客人都觉得老板娘人好，回头客不断。

不是一成不变的上菜，而是满足不同客人的需要，这正是老板娘宾客盈门的秘方。

与人交往，只有真诚和开放的心态是不够的，还需要能够体察他人的体贴。就像故事中的老板娘，能够从一个人的衣着举止中推断出他大概的工作，有针对性地提出建议供客人选择，营造了一种"宾至如归"的良好感觉。在与人交流时,对待不同的人需要关注不同的地方,知道该谈论什么、该忌讳什么。

对待他人,你要首先有一个基本的态度:开放与平等、真诚与尊重。还要根据对方的特点持有随机态度。具体如何表现,这要看你遇到了什么样的人,以下几点能够让你对认识的人有一个大致定位。

(1)国家和地区

了解交流对象的背景,首先要了解对方所在的国家和地区。每个国家、每个地区都有自己的风俗习惯,文化与文化之间甚至会出现激烈冲突。就拿拥抱来说,在某些国家,你不接受别人的热情拥抱,就会被对方误会你没有交朋友的意愿;但在某些国家,你想热情地给对方一个拥抱,则会被认为是一种冒犯。

要尊重对方的习惯,而不是要求对方来适应自己。你也可以委婉地说明你的忌讳,对方自然不会为难你。不同国家、不同地区的人交流起来会有别样的乐趣,会满足你丰富的好奇心,激发你对世界的更多向往。

(2)职业和身份

人与人刚刚认识的时候,为了表示尊重,不会直呼对方姓名,而是依照对方的职业和身份称呼对方,如"××老师""××编辑""×科长",等等。和陌生人打招呼也不能随口称呼,需要通过观察对方的大概情形,再做出具体判断。例如在田地里看到一个老人,你叫他"先生"或"老先生",都会显得你迂腐、不会说话,称呼一句"老大爷"

才能让你看上去更讨喜。

使用正规称呼的好处是即使你判断失误,也不会造成尴尬。例如你看到一个发福、面相成熟的女人,你尊重地叫声"夫人",说不定对方还是一个姑娘;你叫对方"小姐",万一对方是有身份的人,会显得像在讽刺对方。这个时候还是中规中矩地称呼对方一声"女士"为好。

(3)交流的场合

尊重有广泛的含义,不仅要尊重你面前的人,还应该尊重你们所处的场合,因为这个场合本身就是人的集合。在正式的场合,穿正式的服装、使用标准的称呼,这不是客套,而是基本的礼貌与修养。一个人可能有多种身份,要根据场合确定对他的称呼,就如同在学校里,女儿会叫当班主任的妈妈为"老师",这就是最简单的对"场合"的尊重。

而在私下的场合里,你可以根据远近亲疏,更加自由地与他人交流。例如,在称呼上,你可以叫对方的小名,甚至起个无伤大雅的绰号,这能够显现出你们的亲密关系。如果你一味地严肃,在私人场合也一副公事公办的面孔,别人不会觉得他是你的朋友,而是你的客户,难免对你产生距离感。

(4)性格与喜好

相由心生,从外貌举止上能够大体推测一个人的性格,从旁人的议论和他自己的谈话倾向上也不难猜到他的喜好。对待刚毅严肃的人，不适合有事没事开玩笑；对待嘻嘻哈哈的人，板起面孔便会扫了对方的兴致；对待买卖人，说些吉利话会让他们觉得有好彩头……投其所好不是刻意讨好，而是一种能够迅速拉近人与人距离的表示友好的方法。

还要注意的是，对待不熟悉的人，应该始终保持慎重的态度，不要自以为是地猜测别人的性格，也不要武断地判断一个人的喜好。有时候你会觉得某个人和你之前认识的人很像，但千万别把他们重叠，他们的性格也许刚好相反。

走向外向世界，面对形形色色的人群，你要保持多样的态度。在不了解对方之前，尽量使用中性词汇、基本句子，不要卖弄你的幽默，才能够最大限度减少人与人之间摩擦，使你们的相处在融洽的范围中更进一步。

5. 深化内向者的"稳"心境

内向者面对外向世界，最难以保持的就是从前那种怡然自得的心境。从前，他们是自己世界的主人，虽然难免孤独，多数时候却心情舒畅，因为他们享有自由，做自己想做的事，看自己想看的东西，无须为其他事费心操劳；现在，他们不得不面对各种挑战，忍受着各种限制，不停做事却有可能做不好……他们的好心情被现实生活打磨得荡然无存。

外向世界既有它的好处，又有它的艰难，想要真正地得到快乐，需要调整自己的心态去适应。如果依照内向世界的法则行走于外向世界，往往只有不如意、不自在、辛苦、失落、怨天尤人。但有的人却在这个世界游刃有余，他们看到的是挑战、超越、成绩、经验、进取。之所以会有这样明显的差别，是因为二者的心境不同。

没有一份好的心境，人们很难做到真正享受生活。良好的心境是指一个安稳、满足、快乐的精神状态，在这种状态下，人们对未来充满期待，有高度的感性和活力，不会因小小的挫折而沮丧，能以乐观的心态面对挑战，还能充分激发自己的潜能，变得活跃而有创造性。良好的心境往往与成功相连。

高明是某公司的销售经理，业绩斐然，是其他公司重金挖掘的对象，但10年之间，他从未跳过槽。有人问他为什么不给自己换个更好的工作，他说："一来，现在的公司对我不赖，年年加薪，什么都不少；二来，我觉得我们老总比我'高明'，他身上的东西我还没学会呢。"

高明口中的老总是个沉默的人，新员工经常无法相信如此普通的人会是一个公司的老总。这位老总为人有些木讷，完全不像一位创业者，高明说："谁说创业者必须八面玲珑？创业者最需要的是眼光、胆识，还有干劲。"

高明最佩服老总的一点就是他的稳重，在任何时候，老总都保有最好的心态，总能在取舍之间游刃有余、困难之时激励士气，还能深思熟虑，经常抢占行业先机。高明说："现在的人心态太浮躁，我自己也不例外。人过中年才明白，想当然成不了事，人要成功，底子固然重要，心态也很关键，有人说：'心态决定命运'，这话很对。"

在与外向世界融合的过程中，内向者应该保持自己与生俱来的"稳"。内向者的性格稳，他们本质单纯、不易改变，这让他们有了专一的特质；内向者的行为稳，他们不喜欢耍花枪、不喜欢小动作，更愿意一步一个脚印走向目标……只要发挥这种性格，就能在浮躁的氛围中保持一份开放而平稳的心态。除此之外，还有以下几个小建议，有助于内向者培养"稳稳"的心境：

（1）对世界有发自内心的热情

心灵要与外在世界相连，才是真正的"开放"。不要把生活简单地规划为"起床—上班—回家—睡觉"，现实生活有多姿多彩的一面，以积极的状态投身其中，才能领略滋味、乐在其中。懒洋洋的生活态度无法激起热情，看到漂亮的风景、美味的食物、热闹的人群都会觉得索然无味，所以，对世界要充满热情，用心感受，世界才会慷慨地给你回馈。

（2）重视别人的经验，积累自己的智慧

心境需要底气，面对困难不害怕，是因为有资本对抗困难；面对压力不妥协，是因为有支持者鼓舞勇气；面对难题不退缩，是因为有智慧解决问题……你的个人素质越高，心态就越好，而个人素质要靠平日的用心与细心积累。

不要错过任何一个积累智慧的机会。失败虽然是成功之母，但这份失败并非一定要自己去经历，你不可能去做世上的每一件事，也不能经历每一种失败，从他人的经验中学习也是一个非常好的积累的过程。

（3）从容面对生活中的难题

困难与压力是平稳心境的障碍，但是，如果道路上没有石头，就成了单一的柏油马路，少了景致。人生道路上的困难就是如此，你愿意把它看成点缀，它就是个点缀，供你搬运或者雕刻；你非要将它看作无法逾越的高山，它的存在感就会越来越强，压得你喘不过气。我们无法选择困境，却可以选择让自己从容，心态平稳、见招拆招。不要因为事情烦琐而变得不耐烦，将它们当作任务的一部分一并完成，这样每一天都是有成就的一天，这样的想法会让你充满自豪感。

第三部分
表达篇

第八章
内向不等于沉默：发挥内向者的口才优势

和外向者相比，内向者一般在说话的积极程度上慢了半拍，大多数内向者往往具有说话简洁、言语持重、善于倾听和思考等交流上的特点，这在人与人的交流过程中是非常重要的优势。其实，这些都有助于内向者修炼自身"内功"。因此，内向性格的人有必要发扬自己的优势，为说出一语中的的话打下坚实的基础，从而让自己的话语凝练并且掷地有声。

1. 口才优势：言简意赅，简洁有力

据史书上记载，子禽问自己的老师墨子："老师，一个人说多了话有没有好处？"墨子回答说："话说多了有什么好处呢？比如池塘里的青蛙整天整天地叫，口干舌燥，却从来没有人注意到它。但是雄鸡只在天亮时叫两三声，大家听到鸡啼，知道天就要亮了，都能注意到它，所以话要说在有用的地方。"墨子的意思就是说话要言简意赅，用最简洁的话语表达出丰富的含义。

关于说话的简洁要求，曾有这样一个说法：某发达国家个别地区规定，政府发言人讲话时必须手握一块冰，他讲多长时间，就要拿多长时间。还有一个地方规定讲话时只允许用一只脚站立，当这只脚

站累了，另一只脚落地时，讲话就要终止。这些规定看上去似乎有些不近人情，甚至引人发笑，但是冷静地想一下就会发现，这是包含着一定道理的。

恩格斯曾说过："言简意赅的句子，一经了解，就能牢牢记住，变成口号。"话不在多，达意则灵。语言的精髓在精而不在多。

在这一点上，内向者相对于外向者较有优势。那些滔滔不绝的人往往说一大堆啰唆的话，但想要表达的意思也没有表达清楚，让听者"丈二和尚摸不着头脑"。这样的交流显然毫无效果可言，即使有，也是负面效果。

马登博士有两位说话截然不同的商界朋友。一位朋友性格开朗、随性，说起话来滔滔不绝，但他讲话有一个毛病，就是没有主题，每每使人失去耐心，即便马登博士多次看手表，提示时间，他好像也视而不见，似乎没有完的时候。马登博士表示："这样的人讨厌至极。"

而另一个朋友则是一个有远大抱负的年轻人，他认为说话必须言简意赅，不能啰唆，因为他知道这种习惯对事业的发展有致命的影响。这位朋友事业有成、口碑极好，每次他给马登博士打电话时都没有多余的问候和致谢，而是三言两语，直奔主题，还没有等博士反应过来，他已经说"再见"了。

马登博士说："和这样的人打交道真是一种享受。他不会烦你，更不会无端耗费你有限的时间和精力。我很敬佩他思维敏捷、善于决断以及高效率的工作。如果一个人很早就注意到自己的不足并能加以改进,做事思想集中、说话言简意赅,就可以培养出高超的经营管理才能。在与一个人的交往中,肯定能够看出他是否具有雷厉风行的素质。"

其实,像马登博士的第二位朋友这样的人在我们的生活中也有很多,他们大多是一些喜欢思考和总结、性格也比较内向的人,他们并不像那些见风就是雨,说话滔滔不绝的人那样。

其实,那些话篓子似的人在表达自我见解时无端地增加了很多没用的话,其带给听者的肯定不是享受,而是折磨。一位企业高管讲过自己的一个会议经历:"那时,我主持一个会议,我发现,说着说着大家都有点儿走神。后来我才注意到,原来是我说话太啰唆、废话太多了,原本一句话能够说清楚的,我非得把它说成两句。其实,说话应该言简意赅,尤其是在会议上,因为从心理学的角度来说,开会的时间越长,重点反而越不突出,大家的积极性也越低,最后的效果也就不言自明了。"

有时候,说话啰唆不仅会让人感到厌烦,而且还会带来很严重的后果。

1912年,英美战争爆发前夕,美国政府召开紧急会议,商讨对英国宣战的问题。会上,一位议员的发言竟然从下午持续到午夜,而这时会场上的大多数议员早已经昏昏欲睡了。后来，一位议员忍无可忍，愤怒地将一个痰盂向发言者的头上砸去，从而终止了那位议员的高谈阔论。而这时，英国的军队已经到了美国境内。

可见，说话啰唆终归是不好的，你要想让自己的话有分量、让听众乐于接受，就必须言简意赅、点到为止。因此，内向者应该注重发挥自己这方面的优势，不去羡慕外向者滔滔不绝、口灿莲花，也不要为自己不爱说话、不善表达而心存顾虑。

其实，只要你找到自己的优势所在，认清话说得少的好处，并能够掌握言简意赅的说话方式和作用，那么你就能够赢得别人的欣赏和协助。你可以通过以下方法来锻炼自己"一语中的"的口才。

（1）丰富的人生经历让你能更加精准地表达意见

内向者与外向者同处在一个岗位，做的往往比说的多，但是由于不善于交流，有时候就会显得词不达意。为了能够让自己说出来的话更加精准，就需要人生的历练，读万卷书，行万里路，见多自然识广，通过这种方式，能让自己在观察事物的现象时一眼看到本质，从而具备掷地有声、语含深意的基础。相比较一个二十出头的人和一个年近半百的人，他们的人生阅历往往有着很大的区别，这也决定了他们对事物的不同看法。往往有着丰富人生阅历的人能够更明确地指出问题所在，在表达的时候一针见血。

（2）尝试提问能够让你逐渐把握说话的要点

内向者往往喜欢与自己沟通，遇到一些疑难问题，往往会在内心深处打上千百个问号，问自己原因，并且通过网络或者书籍寻找答案。这种方法虽然能够让内向者的知识更加丰富，但在表达的时候仍会有局限。长期以来的不表达会造成语言障碍，不知道如何表达。因此，对于内向者来说，首先要训练的就是提问的能力。通过提问，你能够更加明确地表达自己的中心意思，直接了解问题的关键，聚焦话题。在提问的过程中，一定要先仔细地聆听别人对事物的描述，表达的观点，然后找准关键，直击靶心。

（3）自我鼓励能够让你有信心练好口才

内向者往往很不自信，遇到一丁点儿问题就会脸红，尤其在说话的时候害怕说错话，让自己和大家尴尬。但口才是练出来的，谁也不是天生就能说会道的。对于内向者而言，为了训练口才、改变自己，就需要经常进行自我鼓励。每天对自己强调自己的目的，改变自己，告诉自己一定会成功。每天用几分钟的时间想想自己在公众场合演讲、想象自己得到满堂喝彩。每天鼓励自己积极乐观面对、放声大笑。经过一段时间的锻炼，自信心就会得到很大的提升，也不会像最初那样怯场了。

（4）总结经验能够让你不说废话

说出去的话就像泼出去的水，是收不回来的，但是，为了避免发生同样的错误，就需要不断地总结经验。很多内向者好不容易开口说话了，却在说完之后便开始纠结，总觉得有些话是不应该说的或者说得不对。有这样的认识说明你懂得自我总结，你需要做的就是将已经说过的话记录下来，然后分析哪些话太啰唆、哪些话是错误的，然后让这些话再也不说出口。在这样一个总结的过程中，内向者也就慢慢地提升了自己，有助于话语的精准和凝练。

（5）多汲取别人的智慧，丰富自己的词汇库

福楼拜曾告诫人们："任何事物都只有一个名词来称呼，只有一个动词标志它的动作，只有一个形容词来形容它。如果讲话者词汇贫乏，即使说话时搜肠刮肚，也绝不会有精彩的谈吐。"因此，丰富词汇库也是让自己的话语言简意赅的有效途径。

我们发现，有些性格内向的人虽然也想言简意赅地表达自己的所思所想，但有时候却不得不说得太多，其实这与他们平时对于词汇的积累不够有直接关系。

所以，要想让自己的话语真正做到言简意赅，就要不断地扩充词汇量。比如多看一些相关的书籍、多和讲话水平高的人在一起交流，等等，都是不错的方法。

（6）学会长话短说

要真正地让自己的话说得简练，就必须让自己的语言简洁。要做到这一点，就要学会去繁就简、长话短说，用简单的词语和利落的句子让对方明白自己要表达的意思。

2. 优势进阶：不急于阐述，让讯息显得意味深长

内向者在接触一个新的环境、认识一个新的朋友时，在反应和言语表达上总是比外向者慢半拍，这是内向者长久以来形成的习惯。很多时候，并不是他们的想法或者意识慢，只是因为性格原因，让他们不急着去阐述，而是让各种思想观念在大脑中进行消化沉淀。在这样一个过程中，内向者可以通过一些锻炼让话语更加优质、更加精简、更加意味深长。

任何事物都有两面性，没有绝对的好和绝对的坏。内向者的一些特质在很多人看来是不好的，因为他们安静，不喜欢与人距离太近，做事又缺乏冲劲儿，这虽然在很大程度上制约了内向者口若悬河、滔滔不绝。但在有的时候，这种内敛的性格又能够帮助自己以及他人解决一些棘手的问题。

在美国工业革命时期，大量的矿工忍受不了压榨，终于爆发了历时两年的激烈的罢工运动。愤怒的矿工们齐聚钢铁公司门口，要求提高工资。劳资双方一直争论不休，矿工们用暴力手段对钢铁公司进行破坏，公司便要求军队来进行镇压，但结果使得民怨更深，矿工们根本不屈服，还发生了流血事件。

公司里有一位不起眼的人，他一直以来都被认为是最安分守己、最内向的人，但正是这样一个人，却帮公司平息了这场干戈。他不动声色，花了好几个星期的时间了解罢工者的情况，并拜访了矿场的营地，私下和一些代表进行了交谈。在做足了准备工作后，便向罢工者代表们发表了简短的解说，阐明自己的立场，说自己既不是股东也不是劳工，但是作为一个负责人，既代表了资方，也代表了劳工，希望能够以朋友的身份跟大家共同探讨共同的利益。这是一次出色的演讲，也是化敌为友的最好表现。

在面对罢工或者其他争论的时候，站在公司立场的人往往容易激动，可能会与对方争论甚至辱骂对方，并且列举各种事例数落他人的不是，但结果只能是带来更多的争论，让积怨更深，但是这位一直以来不怎么起眼的人却凭借短短的几句话解决了问题。

为了让你说的话能够解决问题，能够让别人有所期待，那么开始时一定不要反驳或者急于阐述，而是摆正立场，拉近与他人的距离，同时让你的话具备深层次的含义。正如这位安抚者一样，简短的一句"以朋友的身份探讨共同利益"，也就是说，为了达到共同的利益，我们是有商量余地的。这样一来，聪明的人都知道无须废话，"我"所要的就是保证自我利益。

其实，内向者不冲动的内在情绪因素往往能够让其更清、醒理智地看待问题，从而有足够的时间来组织语言，让说出来的话更有效,当然,这也需要进行一系列的锻炼。

如何让内向者发挥内敛优势,让其话语表达得更有技巧,可以从以下几个方面来进行训练:

(1)确立表达主题

讲话和写文章一样,要有主题,主题是否能够鲜明,这需要演说者能够更加准确地表述出其要表达的意思。古人说:"言为心声。"你心里所想的事情通过你语言的传达,能够将最真实的情感表达出来,不矫揉造作,即使是言语朴实、结构平淡,也可以动人心魄。

(2)心平气和

俗话说,"冲动是魔鬼"!确实如此,人在冲动的时候容易说出一些让自己后悔的话,造成无法弥补的损失。虽然相比外向者而言,内向者在内心情绪的控制上多一些定力,但并不代表内向者能够完全理智地调控情绪。为了拥有让人百听不厌的口才,一定要让自己的内心平静,可以通过暗示、转移注意力的方法来放松自我,鼓励自己克制情绪异常波动,如此,短时间跌宕起伏的情绪往往在几秒钟内就能够平静下来,所以,在这个以秒计时的瞬间,转移不良情绪,思考问题的关键点、分歧点,组织能够具有说服力的语言,解决冲突。

(3)多听相声

相声是一门语言艺术,一些优秀的相声演员在说相声的时候会在对话之间埋包袱,一句话往往有多重意思,不仔细听根本无法察觉,到别人揭晓谜底的时候,观众就会捧腹大笑,这也正是相声的魅力所在。语言本来就博大精深，有时候一些词语通过包装、通过隐藏加工再讲出来，就会引起他人的兴趣，也具有了更加深远的含义。所以，内向者要学习的就是如何包装一句话，在不脱离主题的情况下美轮美奂，在引发共鸣的前提下深入浅出。多听经典相声，从中学习扔包袱的技巧，那么你的语言也会别具魅力。

（4）不急于表态

很多人之所以吃亏，就在于没有管好自己的嘴巴，凡事都喜欢第一时间不假思索发言，这种人特别容易招人反感。人的思维和判断是需要时间来反应的，见事就说的人往往没有特别独到的见解，尤其是进行评论的时候。内向者虽然较少犯这种错，但是为了提升谈话技巧，在谈话开始前一定要尽量保持中立、客观，以谦卑的态度跟人交谈，多说赞扬和鼓励的话，少指责和批评。例如，当别人问你作品如何的时候，可以先思考一下，然后说：作品很精美，颜色也很协调，如果可以的话，在角落处添加一个标识可能会更好。用这种方式来代替直接表达出来的意见，先赞美，再提升，这样别人也更容易接受，也更愿意跟你交流，这也是需要内向者在训练口才的时候把握的技巧。

内向者虽然平时不怎么交流，但并不能说他们不会交流，通过多学、多思、多练等方法，让自己的话语更意味深长，这对于内向者来说更加容易掌握。因此，心平气和地听听相声、深思熟虑后表达观点，这便是内向者提升口才的方式。

3. 优势进阶：为自己的表述添加鲜活元素

无论对于工作还是生活，我们都不喜欢枯燥乏味，在听故事的时候更是喜欢听一些有趣的、生动形象的故事，故事情节当然重要，语言表述的多样性也很重要，人都是猎奇性动物，对于一些新鲜的、未知的事物更有兴趣。所以，对于内向者训练口才来说，要把握大众的这一个心理，让自己的话语"活"起来。

想让自己的表述更加有生命力、更能激起他人的兴趣，需要努力训练自己的语言风格，在不同的场合、面对不同的人，根据人物性格以及场合的不同，调整说话策略。

虽然并不是每个人都能够练就出众的口才，让自己的话能够出彩，但是，为了增加与人之间的沟通，内向者可以借助一些训练，让自己的话语变得出彩。

（1）训练自己讲故事的本领

相信很多人都是听故事长大的，如《白雪公主与7个小矮人》《拇指姑娘》《吹牛大王历险记》《皮皮鲁》等，这些都为孩子们的童年打开了一扇窗户，让他们看到了多彩的世界、听到了新奇的故事。这些故事多以历险、逃离危难开始，让孩子们的耳朵和心灵都跟着故事走。故事中跌宕起伏的情节能吸引孩子们持续关注故事的结局。

从这个角度出发，内向者如果想要训练口才，让自己的语言更加吸引人，就要从讲故事开始。每天，让自己在一个固定的时间段想一个有趣的故事，将遇到的有趣的人和事物通过先设置悬念的方式进行组织，然后讲出来，如果一次不成功，就进行再次尝试。也可以通过观看纪录片里面的一些悬疑故事，将他们的讲述技巧运用到自己的言语中来，经过一段时间的训练，一定能够让你的语言表达更引人注意。

（2）将单向的自说自话变为双向的互动沟通

内向者有时候会在一个封闭的场合对着自己说话，这种没有听众、没有互动的方式只能让内向者继续内向，无法让语言表达有生命力。为了提升训练等级，在与人沟通时能够持续一些，内向的人可以将单向的自说自话转变为双向互动。找一个亲近的人进行练习，在交流的过程中增进互动、多提问题，也让别人多提问。吃完早饭或者午饭后，可以跟自己的父母进行交流，如果想要对饭菜进行评点，可以先问制作材料、制作过程，然后再探讨是否还能做成其他的菜式。通过这种日常的训练，就能增强内向者的口头表达能力，而不再是一个人自说自话。

（3）变换表达形式，让话语听起来有吸引力

在跟人聊天的时候，可以用疑问句、反问句。如想告诉他人有特殊事情发生的时候，可以对他说："你知道吗？今天发生了一件奇怪的事情。"还可以在表达的时候将事件倒叙，或者将正话反着说，

等等。通过这种方式，往往可以引起别人的兴趣，也能让沟通持续下去。另外，可以用停顿的方式来营造特殊的效果，让人先有一个想象的空间，然后再揭晓谜底，这也是让自己的语言"活"起来的一种方式。

（4）学会运用比喻，让话"舞动"起来

无论是写文章还是说话，一些形象生动的比喻往往能够让话语活起来，有时候还能将一些无法用简短语言表达出来的意思活灵活现地展现在他人眼前。比如，在形容别人家的孩子活泼好动的时候，你不如用小鸟来比喻这个孩子，一方面指出了孩子那种自由自在、活泼好动的性格，另一方面也形容出孩子的那份天然、纯真。类似的还有，如形容雨下得很细，就可以说雨丝像线一样；想要表达车速快，可以说像奔驰的骏马，等等。这些都能让你的话语不再死板，而是像飞舞的蝴蝶一样活跃起来。

（5）适当地夸张能让你的话语更生动

我们虽然不主张在与人交流的时候过分夸张、口若悬河，但是为了让自己的言语更加生动，适当地引入夸张的词句是一种值得借鉴的技巧。中国古代著名诗人在表达忧愁的时候就有这样的诗句："白发三千丈，缘愁似个长"。虽然有点儿夸张，却将愁思表现得淋漓尽致。类似的夸张形容还有很多，多是脍炙人口的名句："飞流直下三千尺，疑是银河落九天。"这些都是将适当的夸张引入言语的表达中，起到了让话语更生动的效果。在训练自己的口头表达能力的时候，也可以适当地引用。

当然，为了让自己的语言"活"起来，通过讲故事的方法进行锻炼，通过疑问句的设置变单向表述为双向沟通，这些都需要积累。所以，内向者应该从现在开始，积累、训练、再积累、再训练，水滴石穿，那便离成功不远了。

4. 口才优势：沉着稳重，言语可信

面对问题，有些人会手忙脚乱、不知所措，而有的人则能沉着冷静、从容应对。在这一点上，由于性格中内敛、少言、善思等特质的影响，内向者应该占有较大的优势。也就是说，内向者更容易在遇到棘手问题时沉着面对，而不是惊慌失措。

我们知道，沉着冷静是良好心态的体现，也是一个人成熟稳重的重要标志，这种素质不仅能够帮助人们化险为夷，在紧急的时候顺利完成任务，而且还能增强个人气场，提升个人魅力。

如果《三国演义》里面的两个人物正在就一件事情进行辩驳，作为与这件事情不相干的你，让你进行判断，你是选择听张飞的还是选择听关羽的呢？抛开历史对两个人本质性格的探究不说，如果让大众选择一方的言论相信，相信大多数人都会选择相信关羽。因为两个人虽然都是武将，但是相比较张飞，关羽更加沉稳；而张飞给人的第

一印象是暴躁，人们心里的第一感觉便是：这个人不太靠谱。

口才的训练并不是一直不停地说，而是在该说的时候勇于表达、不该说的时候懂得聆听别人。内向者往往因为不会说或者不愿意说导致在该说话的时候不说话，却在不该说的时候因为一时间抑制不了内心情绪而全说出来。虽然在这个时候，可能你出色的口头表达能力会让大家为之震惊，但当人反应过来之后，你成熟稳重的表象可能就另当别论了。

（1）不该说的不说

不该说的不说，这是很多长辈在教育晚辈时候经常说的话。确实如此，在人与人的沟通中，最忌讳的就是不该说话的时候不停地说，以及不该说的话瞎说。如果在大家都非常愤怒、需要时间冷静的时候，即便是想缓和紧张气氛，也不要随便张口，这是一种高明的做法。同时，在自己还不明白别人的来意，也没有听清楚别人所说的话时，就不要因为一时的愤怒而开口。祸从口出，说的正是这个道理。对于内向者来说，虽然较容易在人群中将自己置身事外，却无法在激动的时候克制情绪，说一些不该说的话，所以，在那种情况下一定要克制情绪，忍一忍、静一静，让自己平息下来，闭口不言。

（2）急话慢慢说

遇到急事，如果能沉下心思考，然后不急不躁地把事情说清楚，会给听者留下稳重、不冲动的印象，从而增加他人对自己的信任度。对于内向者来说尤为重要，遇到重大事件，一定不要慌了手脚，慢慢地讲明事情的前因后果，不要让自己的舌头不听使唤，吸口气，慢慢来，风风火火地表述并不适合你。

（3）暗示自己保持稳重

人与人之间的交流存在着一种无形的气场，而你的气场是否与他人相合取决于你的气质。良好、积极的气质也是在平日的谈吐、处事中体现出来的，这需要在平日里忘掉一些令自己激动的因素，对待任何事情，只就事论事，不带太多的个人主观因素，这样就能保持一种中立，也更容易成为大家信赖的对象。这也是内向者在表面上具备的一种素质，为了表里如一，就更加需要勤于思索、加强锻炼。

（4）不开低级趣味的玩笑

说话有分寸、讲礼节，内容富有学识、词语雅致，是言语有教养的表现，这都是在与人交流的时候需要重点培养的。当然，在与人交流的过程中，还要尊重和谅解别人，不随便开低级趣味的玩笑，这也是有教养的重要表现。如果为了营造气氛，或故意迎合他人，而经常开一些没有意义的玩笑，只能让人觉得你这个人本身也是低级趣味的，与稳重相去甚远。内向者即便是为了训练自己的口才，也不要做类似的事情。

（5）不作无谓的争执

脾气急躁、爱惹是生非的人往往给人一种爱出风头、爱争执的印象，遇到任何跟自己意见相左的观点时总是喜欢争执，非要分出高下，有时候即使是说错了，他们也固执地不肯承认。这给人的印象自然不会好到哪里去，人们在与他们交流的时候也会避开一些观点上的分歧，以免惹祸上身。虽然，小范围的意见相左能够增广见闻、扩充知识领域，让自己不再闭门造车，但是喋喋不休、无谓的争执却给人不好相处的印象。因此，在与人交流的过程中，一定不要过于执着、誓死分出高下。

沉稳的形象不是一天两天就能树立的，但是人的形象往往会因为一次、两次不当的言论而瞬间被摧毁。所以，作为内向者来说，在训练口才的时候也需要保持住成熟稳重的形象，不要说一些与形象不相符的话，这样才能得到他人更多的信任。

5. 优势进阶：用数据和事实提升说服力

人们每天都在说话，但是如果别人说你说话没有道理或者不讲道理，那么你一定会很生气。作为听众的他人，有权发表自己的观点和意见，而你也需要根据判断、分析，看看他人对自己的评价是否合理。

对于内向者来说，当自己好不容易开口说话后，如果当场就被人否定，心里肯定会不舒服，这是正常现象，但如果就此气馁，那便永远也得不到拥有能够说服他人的口才。说话"言之有理"本身就不是一件容易的事情，需要说话的人所拥有的见解以及思辨能力高于平常人，也需要平日多多积累，这就考验着内向者平时听与辨的能力。

可以看到，一些优秀的演讲者在进行演讲时所说的话具有说服力，如果仔细听，便可以发现，他们往往在讲述一个问题的时候会引入具体的数据和案例来支持自己的观点，让自己的话语更具有说服力。

作为内向者来说，如果要在表达的过程中树立起这样的形象，要注意以下几个关键点：

（1）适当引入数字，让话语更深入人心

如果你要劝大家每天坚持看书，那么，你可以用这段话来告诉大家，"如果每天花10分钟看10页有用的书，那么每年就可以看3600多页书，30年后便是11万页书。你是选择做一个学者，还是选择做一个成天自顾玩游戏的人？"是不是会比直接说"每天坚持看书能够让你成才、让你增长见识"更有说服力，这便是引用数字的用处。对于内向者来说，在与人交谈的过程中，如果想让自己的话语更有力度，可以适当地加入数字佐证，用数字来说话。

（2）锻炼使用"因为"和"所以"，让语言经得起推敲

逻辑思维能力是一个人在说话过程中能够得到别人认可并且能够带领大家思路的重要素质。有时候，内向者的逻辑思维没有问题，但在表达的时候却容易前言不搭后语，出现紊乱，这便严重影响了自身的可信度。这不仅需要多掌握知识，还需要在平时的日常交流中加以注意。可以在表达之前想清楚事情的原因、经过、结果，按照这个

顺序将事件阐述出来，如果一次不行，训练两次、三次，反复训练，直至话语跟上思维，逐渐前后连贯起来。

（3）不要做传声筒，对没有把握的事情谨慎处理

一些人在听到别人趣闻的时候觉得很新鲜，往往不假思索就传达给其他的人，也有一些好打听他人隐私的人喜欢将别人的事情宣扬出去。作为正常人来说，两只耳朵听到的东西有时候会比一张嘴巴说出去的东西多，尤其对于内向者。那么，为了不让自己成为一个不可信的人，不要瞎说话，对于一些自己没有把握的事情不要说。随随便便当传声筒的人是最不容易被人信任的，也最容易被他人排挤，即使为了训练口才，也不要做类似的事情。

（4）开口之前想清后果，实现不了就不要承诺

人们常常说，"没有金刚钻，别揽瓷器活儿"。在与人交流的过程中，实现诺言、能够助人为乐自然是一件好事，但如果根本实现不了承诺，那就不要承诺。你的一句承诺可能变成别人的期望，期望一旦落空，你再说任何话，别人都不会相信。对于内向者而言，要仔细思考自己是否能做到之后再承诺。

（5）狼来了的故事已经失效，不要做失信的人

狼来了的故事大家都知道，道理也都明白。而在说话的时候，往往不被引以为鉴。如果随意揣测他人的事情，说一些并不存在的话，甚至搬弄是非，那么只会让你在人际交往中不被他人喜爱。对于内向者而言，要做一个成熟、认真、有修养、有责任感的人，就不能

胡说八道，不能让狼来了的故事发生在自己身上。

虽然，我们并不要求内向者能够引经据典，但是，如果想要锻炼让人信服的口才，就需要将稳重的性格融入话语中，在与人交谈的过程中，有理有据、言之有理，对于没有把握的事情，一定要谨慎，不要随便承诺，这样才能让你获得更多的加分。

6. 优势进阶：说话的方式与内容同样重要

在日常生活中，每个人的说话方式都不一样，而说话方式往往在一定程度上反映了人的性格特征，也决定了在人际交往中受欢迎的程度。稳重并且深谙说话之道的人在人际交往的过程中会衡量话语的轻重，会思索话语说出去之后作用于他人的结果，更多地顾及他人的感受，而这种人在人际交往中会让人觉得舒适，也会让人觉得是会说话的人。

内向者很多时候活在自己的世界中，不知道如何与人沟通，可能好不容易开口了，却没有顾及他人的感受，在不经意间说出伤害他人的话，却还不自知，这就需要在平日的锻炼中，将自己放在他人的位置来思考，看看当自己听到这个话的时候是否会感到不适，如果有，就换一种让别人更加容易接受的方式，让自己的言辞更加圆满。

曾国藩家书中有这样的记载：咸丰八年，湘军事业正如日中天，曾国藩的九弟曾国荃是湘军的主要将领，因此趾高气扬，为了让自己的弟弟注意平日的言语，曾国藩给九弟写信，说服他不要高傲、多言。

信的内容大致如此：自古以来，因不好的品德招致败坏的有两种，一是高傲，一是多言。尧帝的儿子丹朱有狂傲与好争论的毛病，此两项归为多言失德。历代名公高官败家丢命，也多因为这两条。我一生比较固执，很高傲，虽不是很多言，但笔下语言也有好争论的倾向。沅弟你处世恭谨，还算稳妥，但温弟却喜谈笑讥讽，听说他在县城时曾随意嘲讽事物，有怪别人办事不力的意思，应迅速改变过来。

曾国藩看到自己弟弟的不良表现，并没有劈头盖脸地直接呵斥，而是通过古人的实例旁敲侧击，让弟弟能够以此为鉴，还将自己固执、好争的性格当作反面教材告诉曾国荃，同时，以安抚的方式先赞扬自己的弟弟，然后加以提醒。通过这种方式，曾国荃就不会有抗拒心理，能比较平静地思考曾国藩的话。虽然这是书信，但也着实值得大家在训练自己表达圆满言词时学习。

说话的方式很多，如何使言词圆满是比较高深的语言表达技巧。内向者虽然具备沉稳、多听、多思的特性，不过要想训练圆满的表达能力，还需要多做功课。以下几点值得我们借鉴：

（1）学会掌握说话的态度，让你与他人更亲近

无论是与亲近的人交谈，还是与陌生人交谈，轻声细语的说话

都能有效地缩短两个人之间的情感距离，让双方的关系加深。试想，为什么有的父母能够与孩子以朋友的姿态相处？这跟父母与孩子在沟通过程中所表现出来的态度无不相关。轻声细语更能拉近父母与孩子的距离，减少争执的概率。同样，与他人沟通也是如此，并且，轻言细语能够给人带来一种恭敬、文雅的印象，让人产生好感，正所谓和气生财，也是这个道理。内向者要练就圆满的口头表达技巧，其前提条件就是先轻声细语地说话，展现男性的大度文雅或是女性的阴柔之美，让人感觉你是宽容、厚道、温柔、善良的人，这样才能与他人建立友好的谈话基础。

（2）站在对方的角度思考，让言语多一些关心和温暖

很多人都会遇到这样的问题，本来是想跟朋友或者家人好好交谈，让他们理解自己的良苦用心，但到头来却变成了口角之争，最后往往变成无言的结局，让大家心里都不好受。这是为什么呢？很多时候，出于好心的言语，如果不是站在对方的角度来说，就会让对方难以接受，甚至是想到其他地方去了。本来是怕对方吃得太少、没有营养，你一句："你不多吃点儿，瘦得只剩下骨头了。"可能就会被人误解为你嫌弃对方太瘦。很多时候，与人进行沟通，最关键的就是要从对方的角度来思考，让话语多一点儿关心，多一点儿温暖，少一些贬义词，少一些批评，少一些不良形容，这是内向者在训练口才时特别需要注意的地方。

（3）以平等的立场来对待人与人之间的沟通

有过被老师拉出去进行思想教育经历的人都特别反感背诵似的思想教育，人站在那里，听得耳朵都起茧了，道理自己都能背出来，却没有任何作用，下次依然会再犯。人与人之间的沟通，无论是大人与孩子、孩子与孩子还是大人与大人，在沟通的过程中，要想有效地达到沟通的目的，前提是站在一个平等的立场，让自己和对方感觉对等，只有这样，双方才能实现最基本的沟通目的。也只有这样，才能在沟通的过程中增进互动和交流，让沟通少一些障碍。对于内向者来说，首先要将自己放在一个与他人平等的位置，然后再与人沟通；其次，也要让他人感觉到你是以一个平等的心态来对待他们的，这样才能有利于增进交流。

（4）少一些大道理，以更容易让人接受的词来表达

曾国藩在跟自己的弟弟讲道理的时候，并没有大篇幅地说"傲"和"言"有多么的不好、应该怎么做，也没有和他长篇幅地说为官之道、谨言慎行，等等，更没有说现在自己的家族所处的地位，需要家人更加注意被他人忌妒，等等，所有的话只是用一个简单的古人的教训来表达，大家都是聪明人，在交谈的时候只需要点到为止，说得太直白反而达不到这种效果。所以说，在词语表达的时候少一些大道理，以简洁明了的方式让你的表达更加圆满，你便成功地传达了你的思想，别人也能在短时间内明白你想要表达的事情，你的目的便达到了，无须多言。

圆满的话语能够让人觉得舒心，别人也愿意与这样的人交流，这需要在表达的时候更多地考虑他人的立场、更多地观察和分析他人思考问题的方式，以更符合他人和容易被他人接受的表达方式来阐述思想，这都是内向者在训练口才时要加强训练的。

7. 口才优势：善于观察，认真倾听

俗话说："会说的不如会听的。"其实，在人际交往方面，听的作用不亚于说。内向者通常少言多听，这是其性格的优势，需要好好把握和利用。

人际关系专家经研究发现，很多人没有好的人际关系，原因不在于说错了什么或是应该说什么，而是因为听得太少，或者不注意倾听他人所致。这样的人会有如下表现：对方还没发表完意见，他们就打断谈话，迫不及待地说出自己的观点；在一个小时的谈话中，他们滔滔不绝地讲了50分钟，不给别人说话的机会；当对方兴致高昂地与他们说话时，他们却"身在曹营心在汉"，一直处于神游状态，完全没有听清对方在说什么。很少会有人愿意与这样的人交谈，更不要说与其成为朋友。

内向者看完这段话可能会哑然失笑，觉得这种情况有点儿不可思议。其实，是因为内向者的性格使然，大多不会如此，而个别外向

者却会这样,他们总是在说,却很少去听。

这些人不知道倾听的好处和作用。在此,我们一起分享一下。一般来说,认真倾听别人讲话有3点好处:

(1)会给人留下谦虚好学、诚实可信的好印象

在小说《傲慢与偏见》中,丽萃在一次茶会上专注地倾听一位刚刚从非洲旅行回来的男士讲述所见所闻,几乎没有说什么话,但分手时,那位绅士却对别人说,丽萃真是个知书达理的好姑娘。

(2)避免说出不成熟的意见,以免造成尴尬局面

(3)善于倾听的人常常会有额外收获

比如,蒲松龄虚心听取路人的讲述后,得到了很多写作灵感,从而写出了流传千古的《聊斋志异》;唐太宗善于倾听众人的意见,收获了很多治国策略,从而成为万民拥戴的君主;齐桓公倾听鲍叔牙的建议而提拔管仲,从而成为"春秋五霸"之首;刘玄德善听诸葛亮的计策,从而成功地鼎足于三国之中。

一位心理学家曾说过:"以同情和理解的心情倾听别人的谈话,我认为这是维系人际关系、保持友谊的最有效的方法。"

当然,倾听说来容易,做起来却不简单,它并不是只要我们用耳朵来接收对方的信息就可以,真正的倾听是要将耳朵、眼睛、神态结合在一起,用心体会对方的话语,这样才能达到有效沟通的目的。以下是几种倾听技巧,如果将其灵活运用,身为内向性格的你就可以成为一个合格的聆听者。

（1）"带上合适的表情"去倾听

"你的表情对对方的谈话总是在做出自然的会心呼应。"这是人际关系学中的观点。的确，我们的表情在倾听的过程中也是至关重要的，正所谓"有动于衷必形于外"。例如，当我们的眼睛注视着对方，表明我们对他的谈话非常有兴趣；如果我们总是东张西望，就说明心不在焉；而当我们有事想离开或觉得谈话内容很枯燥时，我们就会下意识地看表。所以，聆听别人讲话时，我们一定要注意自己的面部表情，要展示给对方你充满真诚的一面。

因此，内向性格的你虽然善于倾听，但是你更要"带上合适的表情"去倾听，这样对于你和交流对象的互动会大有裨益。

（2）适时地提个问题、做个评价

在倾听过程中，你不能一直沉默不语，只是竖起耳朵听，否则，对方会觉得自己在说单口相声，可能会因此而停止交谈。你应该适时地提问题或对其所述做评价，这可以表明你不仅在认真倾听，而且对这个话题很感兴趣。比如："真的有这种事情？""你这个想法很有创意。""如果你这样做，效果应该会更好。"等。

（3）对于不懂的事情不要装懂，而应及时提问

有些内向者由于害羞、胆怯，在听别人说话的时候，对于不懂的事情虽然很想弄明白，可碍于面子不好意思提问。当对方问他的想法时，他便一时语塞，让自己很难堪。如果没有理解对方话语中的意思，或者对其观点有疑问时，你要及时说出自己的疑惑。一般情况下，

对方是很愿意给予你更清楚的解释的。这样，你就可以理清有些混乱的思路，更好地倾听后面的谈话。而且，这样的提问会让对方知道你听得很认真，对他的话很感兴趣，会让他有遇到知己的感觉，愿意与你交往。

此外，内向者还需要注意，当你认真倾听别人说话的时候，可能免不了会有一些感到无聊的时刻，让自己心生疲惫。即便如此，你也不应该生硬地打断对方的谈话或突然插进一句话、转移话题，这是没有修养的不礼貌行为，会让对方反感。你可以委婉地提醒对方时间不早了，表现出希望再约时间进行交流的意愿。这样，既不会对对方的自尊心造成伤害，也可以为下一次约见找一个合适的理由。

8. 优势进阶：观其色、察其心，有效理解"言外之意"

有些时候，我们会遇到一些人在说话的过程中欲言又止、闪烁其词，甚至露头截尾，然而，往往就是那隐藏的一两句话，却包含了最有价值的信息。这个时候，就需要我们准确捕捉言外之意。

对于内向者来说，在平日的待人接物中往往比较敏感，也正是这种敏感的特质可以让内向者更好地听话听音，观其色、察其心、知其思。

当然，要完全无误地捕捉言外之意，还需要从细处着眼、从细节入手，精心捕捉有价值的信息，准确、细心地辨别各种言外之意，要善于"察言观色"，善于让自己的思维"跟踪"谈话对象，透过现象看清实质，这也是人际交往中要学习的一项重要技能。

康明的领导与康明的关系一直不错，有一天，公司发生了人事变动，康明所在的部门被公司整体取消，康明和部门同事集体失业了，康明的领导也离开了公司。不过，康明的领导基于对康明的关心，给康明介绍了一个面试的机会，面试官是康明领导的朋友。

经过一轮面试，面试官告知康明下个月会给康明打电话。等了大半个月，康明一直没有接到面试官的电话，于是自己给面试官打了一个电话，面试官对康明说："康明，不好意思啊，最近一直在忙，还没有来得及给你电话，关于你工作的事情，你要不等一下，我们最近刚刚进了几个经验丰富的新人，等过两天我再联系你。"

碍于朋友的面子，康明的面试官不好意思直接回复康明，所以一直没有给康明明确的回复。康明对于这个机会虽然很在意，开始的时候也信心满满，但听到这个话以后，康明也心里打鼓了，开始积极寻找其他的工作机会。

在人与人之间的交流中，含蓄地说话本来就是一门艺术，有时候是为了不直接伤害对方，有时候是不好意思要求他人，但是不得不有所表示，就会通过迂回婉转的方式表达，而作为另一方，就需要留心别人所说的话，从谈话的过程中了解对方的内心想法，在学习谈话技巧的同时了解别人的用意。

（1）从措辞的习惯捕捉话语的秘密

很多时候，人们总是觉得是用自己的语言来说话或写文章，但很多时候却是无意识地借用了别人的思想，通过自我消化后再进行表达。在这样一个过程中，一些措辞的使用往往就能透露出这个人的性格秘密。一般喜欢使用单数第一人称"我"的人，不仅有很强的自主性，也很独立、刚强，而用复数第一人称"我们"的人，则相对柔和，很多时候会埋没于集体中，甚至缺乏个性、随声附和。

而在与人交谈的过程中，大肆卖弄自己的学问，以显示自己博学多才，实际上则是知识贫乏的表现，如果加上更多的修饰，那只能说明这个人自以为是、画蛇添足，甚至是通过一些难懂的词汇或者外语来掩饰自己内心的自卑。在这个时候，作为听众，最好不要揭穿他们，以免伤害到他人的自尊心。不过，内向者切记不要犯同样的毛病。

（2）抽丝剥茧，了解话题之下的真实心理

虽然人们在聊天的时候会有各种各样的话题，但是人们的观念和认识以及情绪通常会不自觉地从每一个话题中透露出来，这关乎人的性格、气质和思维，所以，要实现人与人之间的良性沟通，最重要的就是观察话题与说话者之间的关联性，从而获得更多的信息。

观察一下就会发现，一些中年妇女在与人交流的时候，更多的是说自己的孩子或者丈夫，尤其喜欢夸奖自己的丈夫多么优秀、孩子如何出众，实际上，她更多想表达的是让大家知道她是一个有价值的伟大的母亲、贤惠的妻子。在公众场合，她认为自己就是这些优秀人物的化身，希望通过这种方式得到别人的肯定，在与这类人交流的时候，就可以从这个角度来挖掘、肯定她们的价值，这样就能得到她们更多的青睐，这也是理解话题之外真实心理的一种方式，内向者可以多多学习，把自己的话说到别人的心坎上。

（3）从说话方式中了解他人的喜好

说话的快慢、语调的抑扬顿挫、坐着的姿态等都能反映一个人对某个话题的喜好程度。如果一个人在讨论一个感兴趣的话题的时候，其说话的速度就会由慢转快，语调也自然会上扬，坐的位置也会相对近一些，反之，就是慢、低、远。当然，如果心怀不满或者有敌意的时候，说话自然就会变得迟缓，语调也会阴阳怪气，与你的距离也自然会远一些，尤其是双脚所对的方向也会偏离中心。因此，在与人交流的过程中，要通过捕捉这类信息来了解对方的喜好，形成良性沟通，不要一味地只顾自己的感受，忘乎所以，最终变成自说自话。

每个人都有自己不同的兴趣点，在交流的过程中，往往在不经意间透露出来，这需要倾听者有一颗耐心，也要有一双善于观察的眼睛、一个善于分析的头脑，这样就能在认真倾听的过程中做一个善解人意的内向者，成为社交场合受欢迎的人。

9. 口才优势：严守语言关，谨言慎言

常言道："饭可以乱吃，但话可不能乱说。"大多数内向者的话都较少，不会口无遮拦。但是我们较容易发现个别外向者过于心直口快，虽说这样的性格并无大碍，甚至还常常被当作优点来赞扬，但到了现代社交场合中，可就有人少不了要因此而吃亏。如果说话总是口无遮拦、毫无顾忌，在任何场合下想到什么就说什么，就会常常给自己招来"杀身之祸"。

19世纪20年代的俄国处于沙皇的统治之下。1825年，一场叛乱爆发，沙皇尼古拉一世平息了叛乱，并抓获了一名叛军的首领李列耶夫，并判处他死刑。

在行刑之前，李列耶夫在断头台上拼命挣扎，竟然把绳子给挣断了。这种异常之举在科技尚不发达的当时被视为天不让其死的征兆，所以刽子手没敢立即动手。李列耶夫看老天这么给面子，以为自己不会被杀，于是就大声喊道："哈哈，俄国人连绳索都造不好，还能成什么大事呢？"

原本打算赦免他的尼古拉一世听到此话后非常愤怒，于是收回了赦免的命令，并顺水推舟地说道："好啊，那就让我们用事实来证

明一切吧，看看这绳子到底结不结实。"

第二天，李列耶夫再次被送上断头台。不幸的是，这一次的绳子很结实，直到李列耶夫气绝身亡也没断掉。

故事的背景虽然不是社交场合，但它却向人们表明了说话不经过大脑的后果是何等惨烈。原本上天给了李列耶夫一个活命的机会，却因为他的口无遮拦，激怒了沙皇，让自己命丧黄泉，可见语言的力量虽然无形，却是巨大的。

不可否认，内向者由于少言多听，这让他们在"祸从口出"这一点上降低了很大概率。曾有智者说："群居防口，独坐防心。"意思就是说，在与人交往相处时要注意自己的嘴巴，以免说错话而招致无端的麻烦；独自相处时则要防止自己的思想情感出现偏差。生活中我们也常听人告诫做人处世要谨言慎行，如此苦口婆心，为的就是防止"祸从口出"。

所以，内向者一定要保持自己严守嘴巴的习惯，掂量之后再发言。俗话说："说者无心，听者有意。"也许你不经意的一句话恰好就触犯了对方的大忌，后果不堪设想。那么，内向者该从哪些方面来做到这一点呢？以下两点建议可供参考：

（1）不要主动打探别人的隐私

人们天生都有好奇心，内向者也不例外。可是，俗话说得好："好奇害死猫"。好奇心可以有，但是用错了地方就会惹来大麻烦，尤其是别人的隐私。既然是隐私，自然就是不想让他人得知的秘密，如果你还偏偏不识相地想去打破砂锅问到底，那你就是在搬石头砸自己的脚，自讨苦吃。因此，当你与别人交谈的时候，一定要尽量避免探问对方的隐私。在话说出口之前要先问问自己：这个话题是否会涉及对方的隐私、是否会引起对方不悦。如果涉及了，就要尽量避免，无法避免之时，也要尽量婉转，让对方接受。

（2）不当众揭他人之短

古语有言："金无足赤，人无完人。"内向的人通常追求完美，对于别人犯错、出糗等事会很在意，有时候可能会当面指出来。其实，这样做无疑是狠狠地抽对方的耳光，不但让对方脸面上过不去，内心的痛也会加倍，因此，一定不要当众揭别人的短，即使有看法也要私下里说。

毋庸置疑，言语的力量是巨大的，我们可以因它建功立业，也可以由它惹祸上身、自我毁灭。嘴巴长在你自己身上，它为你带来的是好运还是灾祸，关键看你是否懂得对其善加控制和利用。

10. 优势进阶：别让抱怨和牢骚习惯脱口而出

在我们的周围总会有些人像怨妇一样，不是抱怨这，就是唠叨那。如果细细研究的话，我们会发现，这些人多数较为随性，想到什么说什么，缺少深思熟虑。比如，清早出门上班，他们会抱怨地铁太挤、公交车太堵；到了办公室，会抱怨地面不干净、同事说话太吵；打开电脑，抱怨网速太慢、上司分配的任务太多；给客户打电话，报怨客户难缠、订单难签……总之，他们看什么都不顺眼，心中总是憋着一股怨气。

而这些习惯对于内向者而言则是有一定"距离"的，因为他们大多爱琢磨、善思考，不会信口开河，也就轻易不会成为"幽怨一族"。

刘刚和林大庆同是某动漫工作室的设计师，刘刚性格大大咧咧，说话也不经过脑子，而林大庆则性格内向、少言寡欲，凡事爱深思熟虑。

由于工作室成立时间不长，很多制度都还不完善，老板经常临时做决定，以致经常会在下班时间或者周末给他们打电话安排工作方面的事。对此，刘刚很厌烦，他觉得老板占用自己的业余时间很不道德，于是就经常抱怨，和同事们说老板的不是。而林大庆虽然也不希望老板占用自己8小时之外的时间，但他一想到工作室在初创阶段，很多地方不完善，老板也是在不断的摸索中，自己多付出一些是应该的。当刘刚对他抱怨时，他还不时地劝说几句，不让刘刚抱怨，可刘刚就是无法控制自己的嘴，10句话中有9句是在抱怨。

不久之后的一天，刘刚在向同事抱怨时，老板出现在他身后，声音冰冷地说："原来我有这么多缺点，真是委屈你了，你和林大庆交接一下手头的工作，然后去找个让你满意的老板吧。"老板同时找到了林大庆，告诉他有个比较重要的设计工作需要他来承担，除了工资之外，还额外有不少提成。

从这个案例中，我们很清楚地看到抱怨和不抱怨最终的结果。换句话说，内向者在为人处世过程中由于善于思考、舌头比别人慢半拍而少了很多抱怨，也多了很多机遇。

毋庸置疑，如果让抱怨成为一种习惯，你就会像故事中的刘刚一样被老板扫地出门。反之，像林大庆这样少抱怨、多做事的处世风格，你的人生之路纵然不会一帆风顺，但也不会有太多坎坷。

在平日的工作和生活中，每个人都会遇到不顺心的事情，如果一味地胡乱抱怨，而不去思考问题的根本和解决办法，只会让周围的人对你越来越疏远。相反，如果遇事能像多数内向者那样多想、多做、少抱怨，则更容易得到周围人的喜欢和信赖。

当然，我们也必须承认，由于每个人都会遇到烦心事，内向者也避免不了心生不满。那么，作为内向者，在对于不满情绪的处理方面，就其性格特征而言，又该怎样防止抱怨的产生呢？不妨来看看下面几个方法：

（1）当问题出现时，应考虑其本质，而不应抱怨他人

许多人在问题出现时，第一反应就是抱怨别人，这种习惯是非常不好的。抱怨他人不仅解决不了问题，而且会给人留下爱推卸责任的坏印象。

（2）培养乐观积极的心态

一个消极悲观的人总是看不到事情的积极面，无法找到生活的目标，生活中也自然缺少很多快乐，这也势必提高了牢骚产生的概率。所以，日常生活中，应该积极主动地面对和处理问题：

① 给自己做一个周详的计划

不管是在工作上还是生活上，都给自己制订一个周详的计划，并且将计划付诸实践，这样可以使自己的生活更加充实、心情更加舒畅，抱怨自然就会减少。

② 合理安排自己的时间

合理利用时间是执行计划的重要一步。合理科学地利用时间，可以提高工作效率，而且还可以利用闲暇来做自己喜欢的事情。

③ 善于总结

根据计划执行的情况，应定期总结自己在这一段时间以来的得失。客观看待出现的问题，认清自己的不足，不断完善自我。

（3）对自己不要太苛刻

内向者中有不少人是典型的完美主义者，不仅做事要求万无一失，而且对自己也苛刻到吹毛求疵的地步，经常会因为一些小到可以忽略不计的瑕疵而深深自责，累己累人。为了避免挫折感，减少抱怨的概率，应该将目标和要求设定在自己的能力范围之内，这样心情才会放松舒畅。

（4）建立自信

在自信心这一点上，内向者或许略有欠缺，而由于不自信带来的抱怨情绪时有发生。所以，内向者要树立自信心，有了自信心才会相信自己的能力，遇到挫折和困难时才不会怨天尤人、手足无措。

总而言之，虽然内向者由于性格因素而不会随便抱怨人和事物，但他们也需要发泄心中的牢骚和不满，那么就需要运用上面的方法把抱怨和牢骚的频率和杀伤力控制在一定范围内，让自己远离"幽怨族"的队伍。

11. 口才优势：偶尔幽默，一鸣惊人

在很多人眼里，幽默只属于活泼开朗、能言善谈的外向者，而与寡言少语、蔫头蔫脑的内向者没什么关系。

其实不然，内向者可能有时候看起来比较木讷，但也正是木讷，在不经意的时候展示一下幽默因子，往往能够起到一鸣惊人的效果，让人印象深刻。内向者由于其丰富的内心、细致敏感的神经和思维，比外向者更容易具备幽默的基因。

可以说，几乎没有人不喜欢与幽默的人交谈，也几乎没有人不希望自己也成为一个幽默的人。据说，在欧美国家，女子选择爱人，很看重男方是否有幽默感；公司雇用职员，也要看他们是否具有幽默感。有一家公司的总裁曾说过："我专门雇用那些善于制造快乐气氛并能自我解嘲的人。这样的人能把自己推销给大家，让人们接受他本人的同时也接受他的观点、方法和产品。"

那么，什么是幽默呢？《辞海》上的解释是这样的："通过影射、讽喻、双关等修辞手法，在善意的微笑中揭露生活中的讹谬和不通情理之处。"幽默与滑稽、讽刺不同。滑稽是在嘲笑、插科打诨中揭露事物的自相矛盾之处，以达到批评和讽刺的目的；讽刺则是用比喻、夸张的手法对不良或愚蠢的行为进行揭露、批评或嘲笑。幽默与两者

既有联系，又有区别。

就人际交往而言，幽默有助于我们与他人建立良好的人际关系、形成和谐的工作氛围，从而促进事业的发展。美国卡耐基大学的研究人员曾就"事业成功之因素"对上万人进行调查，其结果是：在影响个人事业成功的因素中，技术和智慧所占的比重为15%，良好的人际关系则占比重的85%。这也说明了幽默的口才是一个人事业成功的助推器。

不可否认，现代社会中，人们所处的环境瞬息万变，竞争越发激烈，以致很多"圈子"里都充满了怨气，越来越多的人感到压力很大、心情焦虑，严重者还会患上心理疾病。而幽默是一剂有效的解压药，它不仅能使人们舒展眉头、心情变得轻松愉快，而且有助于提高我们的交际能力。

此外，在与人打交道的过程中，我们会不可避免地与他人发生一些不必要的尴尬，面对这样的情况，如果一个内向者能镇定地和对方开个玩笑、幽他一默，尴尬的气氛就会一扫而空，彼此间的紧张关系也能得到缓和。而且，对方也会被他的幽默口才所折服，被他的语言魅力吸引，对其卸下心理防线。

在人际交往中，那些善用幽默的内向者大都能将幽默运用得自然而不做作。当他们说一些玩笑话时，不会让别人感到他们是在故意卖弄或哗众取宠，而只是感到开心、愉悦，这样的人无论走到哪里都会有很好的人缘。那么，内向的你应该如何培养幽默感，让自己的语言带给别人快乐呢?

（1）博览群书，多给大脑一些"营养"

虽说幽默的作用不可小觑，但真正将其运用好也不是那么容易的。它的基础来自丰厚的知识储备。也就是说，一个人只有具备敏捷灵活的思维、丰富的文化知识，才能用巧妙的修辞开出恰当的玩笑，妙语连珠、语出惊人。因此，一个人要想培养幽默感，就必须充实自己的知识宝库，不断地从书籍中收集幽默的桥段，从他人身上汲取诙谐的智慧"细胞"。

（2）设置悬念，抖个包袱

当我们听某位著名相声演员的相声时总能不断地发笑。这其中离不开他和搭档一逗一捧中恰当的"包袱"设置。所谓"包袱"，就是用一波三折的情节，激发他人的好奇心，让人迫不及待地想知道结果，最后再"抖包袱"，达到画龙点睛的目的，让人感觉到强烈的幽默效果。

当然，设置悬念要巧妙，做好铺垫，然后以独特的语气讲述跌宕起伏的故事情节，环环引人入胜，最后一语道破天机。

（3）学会自嘲，适当地装傻充愣

在马克·吐温的《竞选州长》中，主人公说了这样一句话："至于香蕉园，我简直就不知道它和一只袋鼠有什么区别！"这种略带夸张的傻话让听众觉得很有意思。这样的说话方式往往会出奇制胜，产生特别的幽默感。自嘲的说话方式不仅可以给自己圆场、避免没有台阶下，而且还给别人带去了快乐，拉近彼此间的心理距离。所以，不要怕"傻"，很多时候，"傻"还能帮你解围，为你赢得好人缘。

毋庸置疑，幽默诙谐的话语可以提升一个人的交际魅力。但是，要想恰当地运用好幽默，内向者还需要把握时机，根据不同场合和对象加以灵活运用。如果你仅仅是为了体现自己的风趣幽默而无所顾忌地开玩笑、调侃，那么不但收不到理想的谈话效果，而且还可能制造麻烦，引发不必要的矛盾。

12. 优势进阶：培养幽默才华的五个技巧

幽默是才华的体现，它以特有的诙谐让人们在会心的微笑中领悟生活的哲理；它是一种境界，必须建立在丰富的知识基础上。一个人只有具备审时度势的能力、广博的知识，才能做到谈资丰富、妙言成趣，从而做出恰当的比喻。

俄国文学家契诃夫说过："不懂得开玩笑的人是没有希望的人。"可见，生活中的每个人都应当学会幽默。作为内向的人，同样要多一点儿幽默感，少一点儿气急败坏，多一点儿观察，少一点儿偏执极端，用恰当的比喻、诙谐的语言让人们轻松愉悦，这才是人类生活真正的养料。

有这样一个故事，有一家人为了让孩子有更好的教育，决定搬到离城里一个学校比较好的地方居住，于是就在那所学校旁边找房子。一家三口，两个大人带着一个5岁的孩子找了一段时间，终于找到一家愿意把自己的房子租出去的，于是他们敲门，小心地问道："您好，我看到您家里有招租启事，不知道我们能不能租住你们家的房子。"房东看到一家三口人，孩子还那么小，于是便说："实在是不好意思，我不想把房子租给有孩子的住户，你们还是找其他的地方吧。"

这对夫妇和孩子都很失望，但也只好作罢。走了没多远，孩子便拉着自己的父母回去敲房东的门，房东开门后，小孩说："夫人，您好，我想租房子，我没有孩子，只有两位大人。"房东听到后哈哈大笑，看到这个孩子这么懂事，便把房子租给了他们。

一句话出自小孩的口，就自然孕育了可信和天然，也蕴含了最本真的幽默，这当然也是最真实的。对于很多人来说，尤其是内向者，往往以自己不够智慧、没有才华为借口，说自己学不会幽默、不知道如何幽默，其实，只要善于发现、善于总结、善于学习，那么幽默也是有迹可循的。

（1）实话实说，幽默没什么大不了

通常情况下，幽默往往跟直截了当扯不上关系，因为幽默是一种间接的暗示、善意的诱导，但是，如果以真诚善意的实话实说，反其道而行之也能起到幽默的效果。有时候，比起严厉指责、实话实说的幽默所表达的信息更容易让人接受，也是另外一种幽默技巧。有时候，为了揭穿他人的谎言，又不至于让他人陷入尴尬，可以通过让事实本身去说话的方式来解决问题。如果你遇到一个骗子，说自己能够用气功治疗疾病，那么，你可以让他对你施功，如果他问你有没有效，你可以实话实说，为了证明自己的功力，骗子往往会动一下手脚，让你感受到气功的存在，当他再次问你的时候，你可以先回答有感受，然后再说具体的感受，比如，你按住我的太阳穴了、你捏着我的胳膊了。这种方式既可以揭露骗子的故弄玄虚，比起一针见血地指出骗子的做法，效果好很多，这便是另外一种幽默。

（2）一语双关，体现语言的魔力

中国文字博大精深，一语双关是人们常常用来开玩笑的话语。而为了让自己的口头表达更幽默、更深入人心，可以经常使用一语双关的方式来制造效果，实现言在此而意在彼的表达。有一些比较乐观豁达的教授在跟人谈笑的时候，别人称呼他们博导、博士生导师，他们为了表现幽默，就会说："老朽老矣，博导博导，一拨就倒，我是拨倒，不拨自倒。"这样一来，就能把在场的人逗乐，也正是这种一语双关的表现方式，让大家更愿意与他们交流，觉得他们风趣幽默。而中国古代的很多诗词也将一语双关表现得淋漓尽致，如"东边日出西边雨，道是无晴还有晴。"而现代人的智慧也让很多词语变得丰富起来，尤其是一些广告语，除此之外，还有很多一语双关的词汇，这需要大家平日多注意，活学活用。

（3）适当地"画蛇添足"，也能制造幽默效果

画蛇添足，顾名思义，指画蛇的时候加了腿，最后蛇不像蛇，龙不像龙，也被用来形容不必要的言行，从词义上来看是一个贬义词，但是如果将这种思路放到合适的地方，也能产生幽默的效果。曾经有一位准新郎，在结婚的当天因为堵车，没有准时到达婚礼现场，焦急之余，他给准新娘打电话说，我在堵车，要晚一点儿到现场，在我到达之前你不要结婚哦。作为婚礼，没有新郎肯定举办不了，新郎的话自然是画蛇添足，但是这样的话不仅能够让准新娘消去心中怒火，还能让她会心一笑，这便是画蛇添足的效果，所以，适当地画蛇添足未必不是一件好事。

（4）自我解嘲，让气氛更融洽

幽默最高深的精髓就是自我解嘲，古今中外很多名人都很谦卑，并且善于通过自嘲的方式来制造一种和谐的气氛。富兰克林曾经做了一个实验，本意是用电流电死一只火鸡，不料接通电源后，电流竟通过了他自己的身躯，将他击昏过去。醒来后，富兰克林说："好家伙，我本想弄死一只火鸡，结果却差点儿电死一个傻瓜。"通过这种自嘲的方式，既让在场的人不会因此而惊慌失措，同时也能够活跃气氛、让大家轻松愉快，这就是自嘲式幽默，对于内向者来说，放下自以为是的自尊，偶尔自嘲一下，往往能够起到很好的增加感情、活跃气氛的作用。

（5）让逻辑错位一小步，幽默增进一大步

人们常说说话要有逻辑，不要混乱，一个善于表达的人确实需要有很强的逻辑思维能力以及语言组织能力，但是偶尔故意让逻辑不通，却能够起到出乎意料的幽默效果，让大家开怀大笑，成为一个不错的幽默技巧。

幽默是一种艺术，也是各种技巧的集合，但前提是用慈爱之心对待世间的荣辱冷暖，在从容嬉笑之间活跃大家的气氛，包容世间万象，这才是真正的人格魅力，才能成为幽默高手、言谈大师，在语言表达上成就一番天地，也是内向者需要积极锻炼并努力达成的目标。

13. 优势进阶：区分幽默与滑稽，杜绝低级趣味

幽默与滑稽有何区别？在很多人看来，滑稽与幽默是两码事，虽然有接近的地方，但是有很大的区别。滑稽很多时候并不一定都可笑，但幽默却是不由得你不笑，同时在大笑中渗透着哲理与思考，这就是幽默真正的意义所在。

一些电视节目中经常会出现扮相滑稽、穿着夸张、动作莽撞、行动迟钝、傻乎乎的角色，这些在我们眼里只是滑稽，并不是真正意义的幽默。如果用词语来形容，那就是瞎胡闹、装傻充愣，不但不可笑，有时候还会招人反感。因此，想要制造幽默效果，一定要摒弃这

种滑稽的扮相。

幽默本身是与聪明、睿智、灵巧相关联的，讲究含蓄和寓意，没有呆傻的搞笑表演，在不经意间流露幽默的成分。只有聪明的人才具备幽默的前提，愚笨的人如果生搬硬套，只能弄巧成拙，让自己成为小丑。对于内向者来说，一定要合理地区分良莠。

通过两个例子，我们来看看幽默和滑稽的区别。

有一个小旅店的房客因为房间漏水，便向店主发牢骚，找来店主说："我真受不了了，你这间房漏水漏得不行了，怎么住啊！"店主开的这家小旅店本来就是小本经营，这位房客还跟店主讨价还价，让店主将一个顶层有点儿问题的房子给自己住，店主听到房客的抱怨后，拍拍房客的肩膀说："你就不要埋怨了，这个价格的房子不漏水，难道还漏葡萄酒不成！"

又有一次，房间里面的墙壁上有点儿掉皮，房客遇到了店小二，于是对店小二说："你跟你们老板说说，你们这个房子都掉皮了，给我减点儿房租吧。"店小二也知道这位房客，在做了一个假装站不稳的动作后，以蔑视的眼神对房客说："你当我给你打工啊，真是搞笑。"

这个故事中机智的店主以幽默的方式把对房客欠费的不满透露给对方，而店小二却以讽刺滑稽的方法展现自己对房客的不满。两个人不同的表现便是幽默和滑稽两种不同行为最直接的反映。相信人们在遇到店主的时候不会觉得店主滑稽可笑，更多的情况下会觉得店主说话比较幽默诙谐，但是遇到店小二，则会觉得店小二很没礼貌、像小丑。

不同的表达方式所产生的效果肯定是不同的，滑稽和幽默本身也有天壤之别，在运用的时候也需要把握好分寸，不要让低级趣味的讽刺抢占了整个话题，让人觉得你不是在扮演幽默的智者，而是滑稽的小丑。

（1）不要降低档次，把滑稽当幽默

很多时候，我们将滑稽与丑等同起来，将丑视为滑稽的根源和本质，犹如人如果在过马路的时候，本来还自娱自乐、蹦蹦跳跳的，突然不小心踩到香蕉皮，摔了一跤，这是滑稽；一个正常的人听到旁边有一个说话结巴的人，于是也学着磕磕绊绊地说话，这也是滑稽，这些都是不美的东西，与崇高的品行对照来看，这些只能被全盘否定，如果以此为幽默的基础，那只能显示低级。所以，要想表现幽默，但又不失体面，就要学会从去除邪恶、伸张正义的角度出发，制造幽默氛围，凸显正直、睿智。

（2）摒弃讽刺，善意地表达话语

如果将讽刺与幽默摆在一起，虽然看着比较像兄弟，因为它们大多出人意料，但是幽默是入情入理，而讽刺则是不合情理。有些人喜欢在说话的时候隐藏讽刺，如表达一个人一窍不通，他就说，这个人很开窍啊，开了六窍呢。往往我们用七窍来形容人的聪慧，而他却说这个人开了六窍，那剩下的一窍呢，也就是说一窍不通。这个时候折射出来的便是尖锐的嘲笑。人都不是傻子，都会思考，人与人之间的差距往往就是3秒钟，3秒钟反应过来了，就知道你所说的话的含义，通过这种讽刺的方式来说别人，不仅不能凸显你的智慧，反而让人觉得你很可恶。所以，在训练口头幽默的时候，一定不要加入此类的嘲讽，让自己不受欢迎。

（3）摆脱刻薄，宽容待人

在生活中，有时候会遇到这样一类人，他们喜欢贬低、打击别人，说话尖酸刻薄，虽然有时候通过一些修饰让自己说出来的话显得有水平，但是动不动就容易挑起"战机"和矛盾，造成恶劣的影响。大多数的人都是抱着看笑话的心态来观察周围的人和事，如果为人刻薄，可能会有一些观众，但并不是凸显自我水平、树立良好形象的最佳选择。所以，在训练口才的时候一定要让大脑过滤话语，不要以刻薄的姿态，妄自尊大、傲慢无理的态度表现自我幽默，要放下那个僵硬的自我，让自己获得自在，不再对人刻薄，那样，你才能练就更上层的口才。

幽默讲究语言的生动、形象，也常常运用反语、双关、比喻、夸张等多种修辞手法，但字里行间不会充满仇恨、蔑视，也不会给人以讥讽感。虽然只有满怀幽默感的人才能意识到其幽默的潜台词和深远的意义，但蕴藏着嘲笑和批评的讥讽却不是幽默的份。综观任何一部作品、任何一部讲演，标有幽默戏份的东西虽然无法在表现手法上体现纯粹的智慧,但是在用幽默的方式引人发笑后,一定要让人了解到深刻的哲理,并激发听众产生发现严肃、高尚、美好、善良以及崇高的思索,这才是训练口才真正要实现的目的。

第九章
说者从容，听者动容：掌握特定场合中的沟通技巧

内向者通常更关注内心世界，他们将更多的精力放在自身的想法和感情上，但这并不代表他们对自己身边的事情漠不关心，也不代表他们在处理一些需要"口才"的问题上就肯定比外向者差。实际上，他们只不过是更喜欢通过内心世界来达成自我满足。基于这一点，内向者只需掌握特定场合中的沟通技巧，同样可以把话说对，而且说得漂亮，让听者动容、为之信服。

1. 内向的人可以做好销售吗

放眼望去，似乎所有销售员都口齿伶俐、条理清晰、侃侃而谈。这也就在人们的观念里形成一种认识：销售员都是外向性格，只有外向性格的人才适合做销售。

事实果真如此吗？

答案当然是否定的。我们可以先举个例子，位列美国十大销售高手之一的乔·坎多尔弗就是典型的内向性格，他对自己的评价是"嗫嗫嚅嚅，见人低头，不敢高声说话"。可是他不是也取得了巨大的成功吗！世界上还有很多顶尖级的销售高手，也都未必是外向性格。

曾有一家公司做过调查，结果表明，一个人销售成绩好坏的决定因素并不是性格，而是其本人的心态，或者说意愿，销售成绩差者大多是那些缺乏进取精神的人。这样的人里面，既有外向性格的人，也有内向性格的人。所以说，性格决定不了销售，认为性格内向的人不适合做销售的理论是靠不住的。

事实上，不同的性格由于在思考问题、处理问题的方式和风格上有所不同，而这绝不能被我们主观地认为适合还是不适合。

某网站的论坛里，一个刚刚从事销售工作的青年在向大家咨询问题。他认为自己很内向，而且"不是一般的内向"，生活中几乎没有朋友，很孤僻、爱独处、不爱说话，在公司里也不主动和同事交流，是很被动的一个人，但他目前刚刚从事销售工作，当初只是怀着"改变自己"的冲劲儿来的，现在开始担心起来，不知道自己能否做好，同时他还说不知道能否改变自己的性格。

在下面的回复里，有一位同样是性格内向的"过来人"，他对"晚辈"说："我也是做销售的，我原来一说话就脸红，人多也不好意思说话，现在我在董事长面前、摄像机面前都能说，而且说的让大家都很认同。"

其中还有回复者告诉他："没有谁做不了销售的，实际上我们无时无刻不是在推销者自己。其实每个人都有自己的一套销售准则，只要慢慢发现适合自己的销售方法，就可以做好。"

正如事例中回复者所说，没有谁是做不了销售的，销售员这个职业绝不会对外向者另眼看待。我们可以从市场角度来分析，人与人都是有性格差异的，前来购买同一种产品的顾客也是形形色色，性格各异。换句话说，没有哪一类性格的销售员可以"通吃"，他和这部分顾客投机，而你可能就和那部分顾客投缘。

事实上，由于客户性格、环境、阅历等不同，他们的需求风格也不尽相同。比如，有的喜欢那种热情积极、活泼开朗的销售人员，认为销售员就得能说会道，而有的客户喜欢那种谨慎仔细、冷静持重的销售人员，认为销售员没必要说得多好，而只需把产品的各方面情况介绍清楚就可以了。

说到底，客户喜欢的销售员和性格没有关系，真正影响销售水平的是其对产品的充分认知和为客户能够提供的服务内容，也就是能够让客户感受到"这个销售员很专业"的良好印象。就这一点来讲，恐怕不管是内向还是外向的销售人员，都有做得好的，也有做得不够好的。其实，每个人都有自己的一套销售准则，内向者要做的不是改变性格，而是发现和完善适合自己的销售方法，并加以运用。

（1）始终如一，而不是售前售后"两张嘴"

有个别外向性格的销售员，虽然在客户买其产品时热情开朗，不断地说好话，可一旦购买结束或者没有成交就会马上变成一副冷面孔，对人冷嘲热讽。而内向性格的销售员在这一点上应该更具优势，他们往往会自始至终保持一种"匀速运动"，不至于让客户有坐过山车般的感觉。前后对比，哪一类销售员更容易吸引客户一目了然。

（2）不改变性格，但却一定要让自己变得自信

要想把销售工作做好，需要改变的不是性格，而是克服自己可能存在的弱点，比如自卑。这一点或许在内向者身上更容易存在，而自卑对于销售往往又起到阻碍作用。所以，要想做一名优秀的销售员，需要在语言和行为上展现出自己。只有做到这一点，在客户面前才会表现得胸有成竹，才能征服消费者，让客户对你推销的产品充满信任。

据说作为吉尼斯世界销售纪录创造者的乔·吉拉德在当初应聘汽车销售员时，人家问他是否销售过汽车，他回答道："我没有销售过汽车，但我销售过日用品、家用电器。我能成功地销售它们，说明我能成功地销售自己。我能将自己销售出去，自然也能将汽车销售出去。"正如他所言，一个销售员只要拥有了充分的自信，就等于成功了一半。

总之，推销工作的成败并不取决于销售员的性格，而是你的专业技能、服务水平，等等。因此，别再相信"销售是外向人干的事儿"这样的话了。只要你喜欢这个行业，并能够挖掘自己的优势和潜能，那么即使你是内向性格的人，也可以大胆而从容地投身到销售事业中去。

2. 如何凭借内向优势化解客户的异议

客户能够微笑着来、高兴着走是每个销售员所殷切期待的，可是总会有那么多"不和谐"时不时来捣乱，不是这个客户有质疑，就是那个客户有要求，或者有的客户干脆以"不"断然拒绝。

这个时候，内向性格的销售员可能会为自己欠缺嘴巴功夫而懊丧，此时他们恨不得自己能像外向人那样，说服客户，让大事化小、小事化了，使做不成的买卖有希望，让合作的客户"再回头"。

难道只有外向者可以如此吗？内向者就没有化解客户异议的方法和机会了吗？当然不是。

苏州是一位有着多年销售经验的"老兵"，同时也是个性格偏内向的人。他曾说过："客户提异议是再正常不过的事，如果把它看得特别重、特别烦，那么就相当于把客户给支走。每次面对这类客户，我都会认真听他们把话说完，然后帮其分析，同时我还会从中挖掘到更多的隐藏信息，从而更利于抓住客户内心，促成销售。"

那么，面对客户的多重异议时，内向性格的销售员应该如何机智应答呢？以下是几种化解异议的方法，我们可以借鉴一下，举一反三，最终得到客户的认同：

（1）看准机会再答疑

由于内向者心思细腻、追求完美的性格特征，当他们与客户交流的时候，往往会把说话的机会多留给客户，而自己先做好听众，待机会合适的时候再解答客户的疑惑。有调查表明：优秀的销售人员遭到客户严重反对的机会只是普通销售人员的 1/10。研究人员认为："这是因为优秀的销售人员对客户提出的异议不仅能给予较为圆满的答复，而且能选择恰当的时机进行答复。"如此看来，作为销售员，不要张口就为顾客答疑，而是要看准机会，找个合适的时机再开口。

（2）故意向客户求助

前面我们曾提到过内向者低调处世的好处，其实做销售也一样，当面对心细谨慎的顾客，销售人员要在其提出异议的最初就给予合理的解释，获得顾客的理解，然后再说点儿示弱话，故意向顾客求助，让其帮助介绍客户。这样一来，顾客就会有很强烈的购买欲望。

郭跃里在一家电子商城中卖手机。有一天，一位老板模样的顾客走到柜台前，说道："你好，我想咨询下这款手机在你们这里卖多少钱？"郭跃里说："您好，先生，这款手机是今年的新款，价格是 2800 元。"顾客惊讶地说道："不会吧，网上才卖 2400 元，你们整整高出 400 块钱！"郭跃里说道："先生，关于价格的问题，您不必担心被'宰'，我保证您在我们这里买的手机是货真价实。我们是薄利多销，最希望的就是有回头客。我一看您就像老板，希望您购买后能多介绍一些人到我们这里来买手机。现在的手机市场竞争太激烈，我们卖一部手机才能赚几十块钱，除去房租、运输费、税务等大小开销，我们几乎不赚钱。所以，您这种大老板得帮我们多介绍一些客户。"

顾客听后，立刻眉开眼笑，买下了一部手机。郭跃里一边装手机，一边对顾客说："先生，如果有什么问题，您随时来这里找我，我一定会尽全力帮您解决，这是我的名片，咱们交个朋友，希望您以后能多介绍几个朋友过来，我一定给他们最大的优惠。"

郭跃里化解异议的方式是很值得借鉴的，他在言语中给顾客传达了"我这儿的手机性价比很高"的意思，而且他低姿态的求助方式更让顾客感到了他的诚意，对他产生了信任感。顾客会觉得双方不仅是买卖关系，更是朋友关系。所以，顾客就不再提出价格方面的异议了。

（3）就异议提问

如果根据职业划分，外向者适合做一个"演讲家"的话，那么内向者似乎更适合做采访各类人物的"记者"，因为内向者或许不善于讲，但却善于问。

在一些销售过程中，客户的异议并不一定是他的真实想法，有时连顾客本人也无法解释这个异议产生的真正原因，销售人员也就很难判断顾客的真实想法，销售的难度就会增加很多。因此，当顾客提出异议时，销售人员可以就这个异议反问顾客，从而找出异议的根源。

至于怎么来找，就要发挥内向性格善思、爱问的特性来。我们可以通过重复异议的方式向客户提问，这既表现出销售人员对客户的敬意，又可以帮助销售人员确定自己要回答的问题。比如，我们可以这样重复："如果我没有理解错的话，您想要表达的意思是……"这种提问方式有利于销售人员与顾客进行更深一步的交流，也让客户更易接受销售人员的主张。

那些缺乏经验、情绪又容易激动的销售员，会因为异议与客户闹得脸红脖子粗，导致双方不欢而散，一桩买卖就这样吹了。其实，销售人员不应该与顾客激烈地争论，争论不是说服顾客的好方法。在这场"辩论赛"中，损失最大的永远是销售员，正如那句销售行话所说："占争论的便宜越多，吃销售的亏越大。"因此，内向型销售员应充分利用自己的优势，巧妙地化解顾客的异议，消除顾客心中的疑团。这样，客户才会相信你，和你签单。

3. 如何克服上台演讲时的紧张情绪

几年前，在一个家喻户晓的小品中有这么一句话广为流传："大家好，我叫不紧张。"虽说这只是一句小品的台词，但它却反映出很多人在众人面前演讲时的心态。

特别是对于性格内向的人而言，本身就有害羞、沉默等特征，一旦在大庭广众之下进行演讲，其困难程度就可想而知了。

曾有一家咨询机构做过这样的调查，其中一个问题就是："你最害怕的是什么？"调查结果显示："死亡"居然屈居第二，名列榜首的竟是"当众演讲"。80%的人表示："站在演讲台上，看见台下无数双眼睛盯着我，我的心跳就会加快，脑门和手心直冒冷汗，声音也会颤抖，还忘词，太丢人了。所以，我宁可死也不当众演讲。"

由此不难看出，演讲的确是让人不得不紧张、不得不冒汗的事。或许对于外向者来说会好一些，但内向者是较难放松下来的。

也许你会问：这样看来，内向者对于演讲这件"天大"的事岂不是彻底没办法了吗？其实不然，你只要找到应对的策略，就会缓解演讲时的紧张情绪。演讲者为什么会紧张？其实是由强烈的畏惧心理引起的，这会让演讲者的呼吸系统、血液循环系统和部分内脏器官出现不良反应，从而满脸通红、汗如雨下、双手发凉、两腿打战、说话结巴，严重者还会狼狈地逃离演讲现场，从此不敢当众说话。

类似的情况我们都不想遭遇，尤其对于很要面子的内向者来讲，这实在是不敢想象的事。既然不想让自己在演讲时出现过度紧张的情绪，影响演讲的效果，你该怎么做呢？

（1）正确认识紧张，告诉自己紧张的状态是正常的

其实，不管是内向者还是外向者，每个人在演讲时都会有紧张的情绪。美国著名精神治疗专家史蒂芬博士说过："紧张就和饥饿、口渴一样，都是人生活的一部分。"另外有调查显示，在演讲前，

95%的人都会心情忐忑、紧张不安："我准备得是否充分？我的衣服穿得合适吗？听众会喜欢我的演讲内容吗？我会不会卡壳？会不会忘词？"

你应该认识到，演讲时感到紧张是一种正常现象，很少有人能够完全松弛、自信满满地走上演讲台。即使是古今中外很多著名的演讲家，如潘乃尔、林肯等，他们也会在演讲中感到紧张。爱尔兰政治家潘乃尔有一次上台演讲时，因为紧张而紧握拳头，导致指甲扎进肉里，掌心出了血；林肯曾在一次演讲中因紧张而声音嘶哑、动作变形，被媒体评为"最糟糕的演讲"。

既然紧张的状态是必然的，那么你就没必要非让自己"不紧张"。只有充分认识紧张，把它看作演讲中的正常现象，才会帮助你放松心情、轻松面对。

（2）多做一些准备，"有备"就会少一些紧张

内向者做事追求完美，在有可能的情况下，他们通常会做最充分的准备。这一点算得上是内向者在演讲中的优势所在。那么具体说来，演讲者要做哪些准备工作呢？

首先，要备好演讲稿。你要尽量提高演讲稿的质量，将演讲稿背熟一些。如果一个演讲者对自己的演讲内容不满意或不熟悉稿子，紧张感就会加倍。

其次，要精心地设计演讲时的手势和姿态，这样会让演讲更灵活一些。如果可以的话，你可以找两三个要好的朋友充当听众，给他

们试讲一下，让他们多提意见，以便及时修改。

最后，要早一点儿到演讲会场，提早熟悉会场的环境、音响效果等，向有关负责人了解一下听众的大体情况，如听众人数、年龄、性别、职位等。如果现场有听众，你还可以"自来熟"一点儿，与他们闲聊一下。如此一来，你就会有这样的感受：演讲只不过是一次扩大了的闲聊，听众只不过是听自己说话的对象而已。这样，在演讲开始后，你就会松弛很多。

（3）运用放松调节法，让自己的心情平静下来

有时候，虽然你已经做好了充分的准备，如熟悉演讲稿、演讲场地、听众后，但还是非常紧张，这时候可以运用放松调节法，让自己的心情平静下来。

一般来说，放松调节法分为以下几种：

① 冥想调节法。你可以用几分钟的时间回忆一下令自己开心的往事，也可以想象一下自己演讲取得成功后的欢乐场景。这样一来，紧张感就会减少很多，身心也会慢慢松弛下来。

② 呼吸调节法。你可以通过深呼吸来调节紧张的心理，也就是"深吸气—呼气—深吸气—呼气"，这样进行 3 ~ 5 次，就可以增强脑内的含氧量，让你的内心趋于平和。

③ 表情调节法。你可以用手轻轻搓一搓面部，使脸上紧绷的肌肉逐渐放松。同时，还可以尽量张大嘴巴，让舌头顺时针转 5 ~ 8 次，然后再逆时针转动同样的次数。

④ 肌力调节法。这种调节法就是有意识地让身体某一部分的肌肉有规律地紧张和放松。比如，可以握紧拳头，然后松开；也可以做压腿运动，不断地压紧和放松腿部肌肉。肌力调节法的目的就是让身体某一部分的肌肉先压缩一会儿，然后再将其放松。这样一压一缩，可以让人的身心感到松弛。

（4）对自己说点儿"暗语"

对自己说点儿"暗语"，就是自我鼓励一下，给自己一点儿心理暗示，从而舒缓紧张情绪。比如，演讲前，你可以这样"自言自语"："今天，台下的听众都是平时很熟的同事，就当我在给大家讲故事，没什么可紧张的。""我的稿子经过张经理的指点，我还对着镜子练过好几次，所以我很有信心。"通过这样的"暗语"，演讲者的信心就会增强很多，从而轻松地进行演讲。

在现实生活和工作中，我们免不了要在众人面前发言、演讲，如果总是因为紧张而在关键时刻卡壳、讲不出话，那么演讲前的很多准备、努力就会化为乌有。其实，之所以在演讲时紧张，总的来说还是因为一个"怕"字。仔细研究这个"怕"字，你就会发现，"怕"是由"心"和"白"组成的，意思就是白担心。难道怕就不必演讲，就会不忘词，就会演讲得精彩博得掌声吗？答案都是否定的，所以，你不用平白无故地担心那么多事情，只要轻松地讲出自己精心准备的内容，掌声、鲜花自然就会出现了。

4. 演讲别卡壳，即使言语不连贯也要坚持讲下去

对多数内向者而言，演讲过程中说什么、怎么说或许并不是最重要的，最重要的是能否连贯地把话说下去。因为对听众们来讲，演讲者的话都是一遍而过，不像落在纸上的稿子可以翻来覆去地推敲，所以大部分演讲词都会"风一般流逝"。

这时候，如果出现卡壳的情况，演讲者就会非常尴尬，而台下的听众们也会在心里给其打一个较低的分数。也有的演讲者由于生理原因，比如口吃等问题，会对演讲的效果产生不利影响，因此就对演讲抱有更多的恐惧心理。

其实，不管何种原因，只要你有勇气坚持把话说完，就能够受到听众们的欢迎和理解。因此，内向者在演讲的时候一定不要让话"被截留"，哪怕不连贯，哪怕发生了一些小的错误，也不要停顿太久，而应该继续说下去。

芳芳是一位成绩优异的中学生，"六一"儿童节期间，她曾经就读的小学老师邀请芳芳去为在校的师弟师妹们作一次演讲。

接到这个任务之后真让芳芳犯了难，因为她虽然成绩很好，也总结出很多好的学习方法，但她不善于在众人面前表达，更别提作演

讲了。

可是，碍于老师及学校的盛情邀请，再加上爸爸妈妈的鼓励，芳芳也就没好意思过多推辞。

答应下来之后，芳芳就利用课余时间为这场演讲做准备。周末的时候，芳芳还让妈妈当观众"考察"一下自己，结果却不尽如人意，平时作文写得很好的她却连演讲中的话都说不连贯，练了几遍都是讲到半截就断了。

芳芳开始犯愁了，一个人着急地偷偷掉眼泪。她不明白，自己明明背熟了演讲稿，为什么面对妈妈这位观众的时候还是紧张得不行呢？见女儿这样，芳芳的妈妈觉察到了问题的严重性，她很后悔自己这么多年一直只关注女儿的成绩，而忽略了她的表达能力。

于是，妈妈开始上网找相关的专家咨询。经过一位心理专家兼演讲教师的帮助，芳芳的妈妈知道了该怎样帮助女儿。

随后，她不断地鼓励芳芳，在练习的过程中，她告诉芳芳即使忘词了也要继续讲下去，而不要停下来。经过一番艰苦的训练，芳芳终于克服了忘词的问题，紧张的情绪也一下子舒缓了不少。

待到去母校演讲的时候，芳芳的演讲效果很不错，获得了老师和师弟师妹们的称赞。

故事中的芳芳在专家的指导下摆脱了演讲过程中卡壳的尴尬局面，从而顺利、圆满地完成了一次演讲。

其实，不仅芳芳如此，生活中很多成年人也会因为或心理或生理的原因无法做到在众人面前流畅地发言。但这并不要紧，只要你能持有信心，坚持把话说下去，那么照样会收到不错的效果。

不得不承认，大多数内向者都会碰到这样或那样的演讲障碍，大可不必把问题看得过于严重，特别是由于一些客观因素对演讲造成的某些干扰，听众也是可以理解的，演讲者只要放下思想包袱，全身心地投入到实际演讲中去，就可以一直讲下去。

（1）辩证看待演讲中的不利因素

有些自信心弱的演讲者遇到一次失败就一蹶不振，形成自卑和压抑心理，这对演讲是很不利的。其实，对演讲中的有利和不利条件应该辩证地看待并做具体的分析。

（2）多看自己具备的优势，少看甚至不看自己的劣势

苛求完美是内向者的一大特征，因此对于演讲，他们会从仪态、着装等各个方面严格要求自己。比如，有的演讲者因为自己容貌不佳、服饰不高档、年龄太小而惴惴不安；有的演讲者认为自己的职业"不高尚"，无法带给人们更多知识而自惭形秽；有的演讲者认为自己才疏学浅，演讲的内容过于平淡而难以成功；有的演讲者认为自己没有感染力、欣赏水平不高感到忧虑、恐惧。面对这些演讲障碍，你应该正确看待，然后再加以改进，这样就能将不利因素变为有利因素。

其实，几乎所有心理学大师和成功演讲家的经历都告诉我们这

样一个道理：只要有信心、胆量、勇气，无论是谁都可以走向演讲的舞台。如果在演讲中由于各种原因突然出现断句或者口吃的情况，最好的办法就是继续讲下去，不要中途放弃。

5. "好好先生 / 小姐"如何艺术地说"不"

相信在每个内向者的生活中都会遇到领导给自己下达任务或者同事请求自己帮忙的情况，如果对方提出的要求是自己力所能及的事情，当然应该尽最大的努力在所不惜，但是当对方提出的要求已然超出了自己的能力范围时，你又会做何反应呢？是拒绝对方，还是硬着头皮、咬着牙接下这个"烫手山芋"？

如果拒绝，可能会因为不恰当的语言表达而后患无穷；如果忍气吞声、硬着头皮接受，则很有可能导致恶性循环。这着实让我们倍感头疼，尤其对于"好好先生"型的内向者来说，开口拒绝他人更是难于上青天的事情，而这么硬扛着的结果往往是"哑巴吃黄连，有苦说不出"。

房子强是个热心肠、乐于助人的内向者，同事找他帮忙办事儿，他觉得是同事看得起自己，因此他总是很爽快地应允下来，从来没有说过半个"不"字。

前两天，客户突然要看房子强正在进行的一个策划案，按照房子强以往的经验，加一晚上班就应该可以做出来。就在房子强准备大干一场的时候，平时与他相处不错的同事王磊要求房子强给他的策划提点儿意见，并约房子强一起吃饭详谈。

房子强本来不太想去，但是经不住王磊的屡次请求，结果还是去了，这一折腾一直到大半夜，最后，迷迷糊糊地熬到早上，房子强才草草把自己的策划案写完。

由于时间过于仓促，策划案制作得极为粗糙，最终未能通过，领导把房子强狠狠地批评了一顿，还说如果公司因此利益受损就要严重处罚他，房子强的心里别提有多委屈了。

在我们周围，像房子强这样的"好好先生"并不少见，因为不懂得拒绝、未能领会说"不"的艺术，最终只能落得个"打落牙齿往肚里吞"的悲惨下场。

看到这里，有些内向者不禁会问："难道就没有一个折中的办法，既能让我们这些内向的人轻松地拒绝对方的不合理要求，又不致伤了双方的和气吗？"

答案当然是肯定的，那就是学会说"不"的艺术。只要懂得了说"不"的技巧，那一直以来困扰我们的烦恼也就迎刃而解了。

（1）以对方的利益为理由，间接拒绝对方的请求

内向者大多心思缜密，懂得从他人的角度看问题。在拒绝别人

这一点上,你同样可以为对方着想为理由,达到间接拒绝对方请求的目的。比如,有相熟的朋友要求你帮他在一个极短的期限内完成一件紧急的事情,面对这种情况,与其向对方大倒苦水,一而再、再而三地重复自己爱莫能助的理由,还不如换一个角度,从对方利益出发,以对方利益为理由来说服对方,让对方明白仓促行事会得不偿失。你可以对朋友说:"以我目前的能力和精力,把这件事做好恐怕不容易,如果我勉强答应了,到头来可能会给你带来损失。"

这样,朋友不但不会再勉强你,也不会怀疑你的拒绝是别有用心,反而还会觉得你在处处为他着想,继而对你感激不尽、更加信任你。

(2)拒绝的语气要温和委婉,且一定要坚决明确

虽然大多数内向者都能温和地和别人交流,但不排除少数人会用生硬冷淡的语气和别人对话。不用问,后一种做法不仅会让对方产生不满,而且还会让彼此的关系恶化。如果你换一种说法,温和委婉地表达拒绝的意思,那样就会比直来直去地说"不"更容易让人接受。

(3)拒绝之后,适时地给予关心

当你把"不"说出来之后,并不意味着万事大吉了,想要让自己的拒绝更有人情味儿,内向者还应该在拒绝对方后时不时地问候对方,了解对方的处境和事情的进展,予以适度的关怀。

这样做可以让对方明白:你并不是不想帮他,而是确实无能为力,如此一来,对方也会渐渐体谅你的苦衷和立场,而当初由"拒绝

风波"引起的不愉快和尴尬也会烟消云散。

除了以上需要遵循的几点外，内向者还可以通过话题转换、肢体语言暗示等方法来拒绝同事的请求。当然，在拒绝的过程中，最重要的是你所付出的耐性、关怀和真诚，掌握了这些，你也便学会了说"不"的艺术。

6. 以题外话营造和谐谈判氛围

一说到谈判，人们容易想到的是两军对垒，气氛严肃。实际上，现代商务谈判并不一定都像两军打仗一样剑拔弩张，它也可以是十分友善、充满笑声的。而且，后一种谈判氛围往往更能促成双方谈判顺利，最终取得一致。

这是因为，充满欢声笑语的友好氛围能减少谈判中的紧张情绪，在这样的氛围中，谈判双方都会少一些敌对情绪，多一分合作意愿，会将谈判拉到达成合作的区域中。反之，在严肃紧张的氛围中，谈判双方很容易产生猜忌和防御心理，可能会将谈判带进一拍两散的危险地带。

也许内向性格的你认为自己不是营造气氛的好选手，这种事还是由外向者来做比较适合。其实未必如此，就像幽默风趣一样，很多人都把这一特质置于外向者身上，总觉得内向者根本不懂幽默。谈判中，气氛的营造也是如此，内向者在这一点上可是一点儿都不差，所以还是剔除曾经的想法吧。

从营造良好谈判气氛的角度来讲，还有一个说话的禁忌就是口出狂言、口若悬河。如果一个人说话时表现得自大轻狂、目中无人，就会招致对方的厌烦，甚至会回击他。而嘴巴说个不停，不给对方说话的机会，就会失去了解对方的机会。所以，你要把握好营造氛围的说话方式，给谈判开一个好头。

时代华纳的创始人史蒂夫·罗斯是一个很有传奇色彩的企业家，同时也是个性格偏内向的人。

在公司创立之前，罗斯从事的是殡仪馆业务。当他放弃原有工作，准备进入更大规模的行业时，制订了一系列计划，其中一个计划是帮助一家小型汽车租赁与凯撒·基梅尔谈一笔生意。

当时，凯撒在纽约市内拥有大约60个停车场，罗斯希望基梅尔允许那家汽车租赁公司使用他的停车场出租汽车，租车的客户可以免费使用停车场。作为回报，罗斯打算给基梅尔提成租车费。

为了这次谈判能够获得成功，罗斯做了充分的准备，他从各个方面了解了凯撒。在各个方面的信息中，有一条引起了他的注意：凯撒是个铁杆赛马迷，拥有自己的马，并让它们参加比赛。

罗斯知道一些赛马的事，因为他的一个亲戚也养马，并且也参加赛马。当罗斯走进凯撒的办公室，准备谈判时，他做了一件事：他很快环视了整间办公室,眼光停留在一张外加框的照片上,照片是凯撒的一匹马站在一次大规模的马赛冠军组中。他走过去,仔细看了一会儿,然后故作惊讶地喊道:"这场比赛的 2 号马是莫蒂·罗森塔尔(罗斯的亲戚)的!"

听到罗斯说这句话,凯撒一下来了兴致。两人话语投机,后来联手进行了一次非常成功的风险投资,那次成功投资的实体最终发展成为罗斯的首家上市公司。

仅仅是一句话,就让罗斯一下子拉近了谈判对手和自己的距离,这就是谈判氛围营造的魅力所在。毋庸置疑,谈判是一件竞争性很强的事情,双方站在各自的立场,为争取各自的利益而费尽心思。如果一个人总是摆出一副冰冷的面孔,表情非常严肃,刚坐下就直奔主题,谈判现场就会十分压抑,让人喘不过气。

这样,对方就会经常提出"中场休息"的要求,甚至会找借口终止谈判,将谈判日期延后。而良好的谈判气氛就好比是"润滑油",可以有效地疏通彼此的心理阻塞,给双方减少交流困难,甚至会加快谈判进展。所以,你要主动并善于制造融洽的、对自己有利的谈判氛围。

(1)调整与谈判对象的关系

每个内向者面临谈判时都难免紧张,其实对方也是如此。因此,在谈判的开始阶段需要一段沉默的时间。如果此次谈判可能要持续几天，那么最好在谈判开始前的某个晚上与对方一起吃一顿饭，以调整与对方的关系。

（2）心平气和、坦诚相见

谈判的目的无疑是为了双方共同磋商与合作。因此，不管彼此是否有成见，身份、地位、观点、要求有何不同，在谈判之初也不要怀着对抗的心理，说话的时候也不要表现出轻狂傲慢、自以为是等，而只有抱着合作共赢的态度，心平气和地坐下来谈判，才能取得理想的谈判效果。

（3）不要在一开始就涉及有分歧的议题

内向者往往比较"慢热"，在谈判刚开始的时候，短时间内还无法形成良好的氛围。因此，不要在一开始就涉及有分歧的问题，而应先从一些友好的、中性的话题切入，比如，彼此旅途的经历、体育新闻或文娱消息等，说不定某个共同感兴趣的话题会帮助你们营造出友好的气氛。如果是对比较熟悉的谈判人员，还可以谈谈以前合作的经历、打听一下熟悉的人员等。这些都是为了给彼此寻找共同话题而进行的开场白，头开好了，氛围才能好，谈判才能顺利进行。

如上所述，一个好的谈判氛围会直接影响参与谈判者的心情、行为方式，进而关系到谈判方向的发展。当然，要营造一个良好的氛围，还需要你认真思考、随机应变。所以，在谈判时，你在说话方式、态度、措辞上都要谨慎一点儿，即便讨论中出现分歧，也不要大动肝火，说出偏激的话，要尽量用柔和的方式化解异议、逆转谈判氛围。

一个真正智慧的内向者要有意识、灵活地调节谈判气氛，将谈判的好势头转到自己这一边，成为笑到最后的大赢家。

7. 谈判中慎重回答对手疑问

坐在谈判桌前接受对方的发问是必不可少的交流模式，内向者的谨慎、内敛、沉默等性格特质在这个时候往往能起到关键作用。对于对方提出的一些问题和质疑，内向者能够做到不急于开口，而是深思熟虑后再给出答案。

我们知道，谈判中的回答不是孤立的，而是和提问有联系的，谈判者答复的每一句话都要带有一定的责任感，都可能被对手当成一种许诺。而且，同样的问题，不同的回答，带来的效果也是大相径庭：回答得妙，也许会力挽狂澜，把即将失去的生意拉回来；回答得糟，可能会错失良机。只有在谈判中慎重回答对手的疑问，才能防止你说出不该说的话，而是把话说到点子上，使得自己占有先机。

因此，你有必要学习一些回答的技巧：

（1）三思而行，回答问题别太快

有些外向者在谈判过程中会在对方的话音刚落时就迅速解答对方的疑问，以显示自己公司的实力，其实这种做法是很不妥当的，谈判中的答复与普通的回答问题不同，并不是回答得越快越好。

要知道，你们是在谈判，而不是随意聊天，你说的每一句话都是对对方的承诺，如果出现了偏差或者漏洞，将对你谈判目的的实现非常不利。事实上，谈判对手所提的问题大多都是尖锐的，甚至是另有企图的，如果回答者没想明白对方的提问意图就照实回答，很可能就会掉入对方精心设计的陷阱中。因此，每回答一个问题，你都要深思熟虑，特别是对一些可能会暴露自己底牌的问题，回答时更要谨慎。这一点，对于内向者来讲是一种优势所在，所以你一定要充分利用好这一点，让答案在脑子里"飘"一会儿。

（2）不要不懂装懂，对于艰难的问题更要谨慎回答

任何一个谈判的人都不是康熙字典，也不是百科全书，尽管为了谈判做了很好的准备工作，但难免会在一些刁钻古怪的问题面前不知所措。当遭遇这种情况时，你一定不要为了保全自己的面子而胡乱给出答案，这样不仅会让谈判人员的颜面尽失，还有可能给公司造成巨大的损失，可谓得不偿失。

举个例子，一家国内企业与一家境外公司谈判合资建厂事宜时，眼看谈判即将成功了，这时候外商却提出了减免税收的请求，对于这一点，中方代表毫无准备，对税收也是一知半解，但为了能够达成合作，就胡乱地给出了答复。结果是什么呢？合约虽然签订了，但为该公司带来的不是利润，而是损失。

所以，当遇到自己不了解的问题时，你要坦诚地告诉对方自己不清楚这方面的有关事宜，不能给出明确答案。有些内向者会碍于面

子问题，做不到坦诚相告，那样的话是很容易吃亏的。

（3）反客为主，用反问回答对方的问题

有的时候，谈判人员遇到不好作答的问题，可以不直接回答对方，而是用反问的方式变被动为主动，比如，对方问："贵公司是否认真考虑过我们公司的意见呢？"谈判人员可以避开对方的问题，反问道："贵公司可曾仔细想过我们的提议呢？"或探索式地问对方："您可以将贵公司的意见再讲一次吗？"以便了解对方提问的真正意图，然后给出较更为保险的答复。

（4）适时地发挥"不知道"的功效

从形式上讲，谈判就是一种面对面的交流活动。也正因此，谈判的双方都在仔细地观察对方的情绪、言语变化，以随时思考应对方法。有的时候，谈判人员可以干脆不发表自己的意见，只用"不知道"作答，也会收到很好的效果。因为"不知道"这个词包含多重含义，会让对方摸不透你的想法。

谈判是一种为了取得合作而采取的交流模式，也是一场口才与智慧的博弈。在谈判过程中，当遇到对方提出让自己处于两难境地的问题时，内向者一定要发挥自己的特性，谨慎地回答对方提出的疑问，该说的时候说，不该说的时候就保持沉默，或者干脆说"不知道"。一旦掌握了这些应对技巧，内向者不仅可以游刃有余地应付对手抛出的难题，还能营造出融洽的谈判氛围，何乐而不为呢？

8. 谈判中的沉默策略

人们常说"沉默是金",古人也有言:"此时无声胜有声。"说的都是沉默的作用。可是你知道吗?在商务谈判中,适时地沉默同样可以"淘到金"。

看到这儿,或许内向者就会窃喜:原来自己不爱表达的性格特征有这么大的作用呢?不过,不要忽略了,这里所说的沉默并不是让你在谈判的时候一言不发,只听对方讲,而是指一种谈判策略。对于这一策略,有业内人士道出这样一个定义:"在商务谈判中,适时地闭嘴,放弃主动权,让对方先尽情表演,或者多向对方提问,并设法促使对方沿着正题继续谈论下去,以暴露其真实的动机和最初的谈判目标,然后再根据对方的动机和目标,并结合己方的意图,采取有针对性的回答。"

其实,所谓的谈判都是讲究实效的,也就是需要在一定的时间内解决双方的分歧点,达成合作。如果你认为在谈判中滔滔不绝、伶牙俐齿才会占上风的话,那么只能说这种认识是有失偏颇的。不信你就试试,到头来你会发现自己并没有获利多少,反而往往以失败告终,与谈判中慷慨激昂的表现不成正比。真正的谈判高手会将一半甚至更多的时间用在倾听上,认真听对方说的每一句话,从而慢慢抓住关键点，让自己赢得先机。

一次，鲁伊谭跟一家公司谈一个合作项目，寒暄几句后进入正题。对方的谈判代表提出了一个很苛刻的要求，他要鲁伊谭给进货价格打个8折。这个时候，鲁伊谭故意装沉默，没有理他。过了一会儿，对方沉不住气了，又说道："要不我们公司多定2000件产品，你给我打个8折吧。"鲁伊谭继续沉默。最终，鲁伊谭以9折的进价与对方签订了合同，进货量还比以前增加了一倍。对方非但没有不满，还很高兴，觉得鲁伊谭很厚道。

鲁伊谭表示："在对方要求你给优惠的时候，可以使用沉默策略。你把价格扔给对方，看对方做出什么态度。在对方还没有表态之前，千万不要说一句话，一说话你就输了，因为那样会让对方感到你说这个价格是别有用心，是在试探他的价格底线，对方可能会死死咬住你不放。"

通常情况下，谈判中，先打破沉默说话的一方就是让步的一方，甚至连说话内容都很相似："好吧，我再让步2%，这是最后的让步，如果你不同意，那么我们只好终止谈判。"

在正常的谈判中，对于同一个问题一般总会有两种解决方案，即你的方案和对方的方案，你的方案是已知的，如果你不清楚对方的方案，则在提出本方的报价后务必要设法了解到对方的方案再采取进一步的行动。所以，在谈判中，千万别快人快语，要有"咬破嘴唇也不开口"的耐心。

当然，沉默并不是一言不发，而是在谈判过程中为了己方利益的最大化而采取的一种策略，也就是说，沉默也是有选择的。那么，对内向者而言，在运用沉默这一谈判策略的时候该注意些什么呢？

（1）要有恰当的沉默理由

如果你冷不丁地一语不发，对方会怀疑你缺乏诚意。所以，沉默也要有恰当的理由。谈判中，通常人们采取的理由有：假装对某项技术问题不理解、假装不理解对方对某个问题的陈述、假装对对方的某个礼仪失误表示十分不满。

（2）了解谈判对象的沉默

我们知道，沉默蕴含着深长的意味，尤其在谈判过程中，它所表达的意义更加丰富多彩。它既可以是无言的赞许，也可以是无声的抗议；既可以是欣然默认，也可以是保留己见；既可以是威严的震慑，也可以是心虚的流露；既可以是毫无主见、附和众议的表示，也可以是决心已定、不达目的绝不罢休的标志。当你端坐于谈判桌前，一方面要适时适度地保持沉默，另一方面也要了解对方沉默的含义，这样才能想出最恰当的应对之策。

（3）学会等待

当你提出一个诚恳的建议，而对方给出的回答却并不明确时，沉默就可以派上用场了。你只需耐心地等待，用你的耐心让对手感到不自在，非得用明确的回答问题来打破僵局不可。

说到底，"谈"是谈判中的主要作战手段，"听"则是辅助武器。适时地沉默、倾听对方的意见是谈判人员应该掌握的重要策略。谈判人员要尽量多给对方说的机会，然后在听的过程中得到他们的"军情"，最终扬起胜利的旗帜。

9. 恋人之间别总是讲"理"

内向者一向注重原则，凡事都要弄清黑还是白。在和恋人相处这一点上也是如此。我们知道，人和动物的区别之一就是会讲道理。"有理走遍天下，无理寸步难行"，这句被崇尚"理"的人们奉为圭臬的名言，同时也成为人们评判一个人讲理与否的评判法则。

可是你是否知道，讲理也许可行遍天下，但是有一个地方却未必行得通，那就是在感情的世界里。

在我们周围不难发现这样的人，他们能够在外面潇洒地游走于职场，快乐"混江湖"，但当走进家里时，在面对恋人时，即使说尽天地间的大道理，都不能使之听进去，更别说获得对方的认同和赞许了。

归根结底，都是因为感情的世界是没有道理可讲的，因为恋人之间有比理更大的东西，就是"情"和"爱"。

韩子宾和妻子晓丽结婚10年了，几乎从没吵过架，甚至连一句伤感情的话都没说过。

当然，牙齿难免碰到舌头，他们偶尔也有不和谐的时候，比如生闷气，你不理我，我也不理你，结果弄得两个人都很疲惫，使得整个家也是毫无生气。对于这种气氛，韩子宾很不喜欢，并且试图改变，所以慢慢地，他就学会了"缴械投降"，后来再遇到什么彼此之间不理解的事情，总是他"举白旗"，用所有能够想到的表白方式向妻子承认是自己错了。即使最郁闷的时候，韩子宾也只是从家里跑到办公室安静地坐一会儿，然后郁闷的情绪也就跟着烟消云散了。

韩子宾心里很清楚，是不是自己真错了呢？或者说每次都是自己错了呢？其实未必见得，只是他不想穷究谁对谁错、谁是谁非。韩子宾认为，夫妻之间遇到意见不一的时候，对和错是一回事，要不要讲对和错是另外一回事。

在韩子宾看来，两口子之间就完全没必要分出对错，即使明明知道自己是对的，也要装一回糊涂，这样做并不代表自己没有是非观，而是因为分清这样的是非实在没有多大意义。"自己对了怎么样？爱人错了又怎么样？饭还是要正常吃，日子还是要正常过，两个人还是要在一个屋檐下生活。"正是凭借着这样的"觉悟"，韩子宾和妻子相濡以沫，恩恩爱爱地走过了这么多年。

不难理解，一旦两个原来没有一起生活的人一起生活，难免会在某些方面觉得彼此不适应，甚至觉得对方不可理喻，这时候，如果非要坚持自己的观点、要跟对方"讲理"的话，那么争吵就不可避免。殊不知，吵架是最伤害感情的。如果你有理，你以为你赢了，其实你还是输了，因为你输了她的心。如果总是这样争吵的话，那么只能导致彼此的关系越来越冷漠，原本存在的爱也少了，曾经的温情脉脉也不知道跑到哪个角落里躲起来了。

因此，你不妨学学故事中的韩子宾，遇到和伴侣意见不一的时候，即使自己有理，也没必要辩个是非曲直，而是适当地认个"错"，或者自己找个途径缓和一下情绪，原本可能发生的"家庭大战"便化于无形了。

或许，不少内向者的心理因此会不平衡：凭什么不把道理说清楚呢？要知道，感情的世界是用"情"而不是用"理"组成的，在这里，本来就不是讲理算账的地方，因为相互之间没有绝对平等的条约。

但是，感情离不开爱，离不开相互的理解与支持，离不开一种默契与宽容。你只要承担起一份感情的责任，努力为伴侣、为感情付出，既不需要哪个法官来评判，也不需要太多的语言做解释，更不需要新闻公布。在这个没有公平定式的小圈子里，你需要不断地付出爱，也不断地享受爱，在小小的摩擦与碰撞中不断理解和感受生活的快乐，这才是一份感情真正的意义。

（1）不要过于较真儿

内向者心思缜密，但是在感情这一点上，无论是谁，都有必要学会揣着明白装糊涂，这样才能让感情稳定、幸福长久。

我们知道，任何事情都有一些模糊地带，脆弱而敏感，也许进一步就会山穷水尽，退一步就海阔天空，感情生活也不例外。感情的世界本来就是复杂而烦琐的，没有判断谁对谁错的标准，纠纷无非是由一些鸡毛蒜皮的小事儿所引发，没有原则问题，只需睁一只眼，闭一只眼，留下一点儿余地，这样对双方都是最好的保护。

（2）给予尊重，让对方喘口气

每个人都是独立的个体，有独立的思想，两个人走到一起并不意味着思想一致。同一件事，伴侣之间看到的和所理解的也许并不一样，所以，当处理事情的方式不同的时候就是两人真正磨合的时候，当然，这种磨合并不是非要通过争吵、争辩的方式，可以静下心来慢慢向彼此倾诉，在这种交流中，所谓的默契便油然而生。

聪明的内向者不会和自己的伴侣太较真儿，哪怕心里有这样或者那样的"不服"，但他们同样知道，和恋人讲道理，即使分辨出个青红皂白，最终对于感情都没有什么好处。每一株玫瑰都有刺，每一个人的性格中也都有自己不能容忍的部分；爱护一朵玫瑰，并不是一定要把它的刺根除，更应该学会如何不被它的刺所伤，以及如何不让自己的刺刺伤心爱的人。

10. 放下面子和羞怯，合拍的爱情由沟通而来

虽然内向者都希望自己获得美满的爱情、幸福的婚姻，可是现实生活中，争吵、矛盾却总是在所难免。有心理学家指出，感情可以分为 3 种类型，即"不匹配型""需要改进型"和"需要完善型"。尽管很多人的感情都是"匹配"的，但绝大多数仍需要"改进"和"完善"。之所以如此，主要还是彼此之间缺乏主动沟通，从而造成了关系不甚和谐的局面。

也许内向的你会认为，两个人就需要心有灵犀一点通，为什么非得要自己主动，对方干吗不主动呢？如果你遇到一个主动沟通的另一半，那么恭喜你；可万一遇到的是和你有一样想法的另一半呢？事情的结局自然不会太理想，否则也不会出现这样一种处于危机边缘的感情现象了，这种感情危机就是冷暴力。

冷暴力指的是伴侣在产生矛盾时不是通过殴打的暴力方式处理，而是对对方表现得较为冷淡、轻视、放任和疏远，最明显的特征就是漠不关心对方，将语言交流降到最低限度、停止或敷衍性生活，这些都是冷暴力中比较常见的做法。

不难想象，长此以往，彼此之间的感情必然会越来越淡，怨愤就会越来越深，要么在痛苦中苦苦挣扎，要么分道扬镳。不管是哪种

结局，想必都不是你想要的。

　　罗女士对于自己的婚姻生活感到很不理想，其原因主要是她老公太内向，无论遇到什么事都是一言不发，就算是两个人发生了不愉快，罗女士要争吵，他也不去理会。

　　矛盾过后，罗女士的丈夫也不会主动"讨好"妻子，一如既往地不理不睬，爱咋咋地。对于这种局面，罗女士很是头痛，她说，哪怕你和我吵吵架也好啊，可他的老公就是不搭理，只好让她自己唱"独角戏"。

　　这样的事情发生了很多次，罗女士都打算离婚了，可是一想到年幼的儿子，她还是忍住了。直到现在，她还深处这种不快之中，不知道什么时候是个头。

　　像故事中罗女士和其老公的婚姻现象在现实生活中并不鲜见，而解决这种局面也并非很难。比如，罗女士的丈夫只要多和妻子沟通，罗女士也不至于像现在这么痛苦了。

　　可能有的内向者会说："是我当初看走眼了，我和对方根本就不般配！"事实真的如此吗？其实未必。内向者要知道，没有一个人可以满足配偶的所有要求，也不应该奢求对方完全地满足自己的所有要求。要解决这其中的矛盾点，彼此之间的沟通至关重要。只有多沟通，双方才能多一些理解、包容和体谅，关系才能稳定，爱情才会甜蜜。

因此，当和伴侣产生矛盾时，内向者不要碍于面子或者羞于开口，应和伴侣多一些沟通。同时，内向者也不要觉得自己不善表达，只要你掌握了一定的方法和技巧，沟通必然可以畅通无阻。

（1）选好沟通的时机

"气头上没好话"是老百姓常说的话。的确，一个人在情绪落寞、心情压抑的时候，说话往往不那么好听，对于别人说的好听的话也难以听进去。所以，和伴侣进行沟通也要看准时机和场合，最好在彼此都能心平气和、只有两个人的安静环境里进行。

（2）多用正面语言

同样的意思，如果用不同的语气说出来就会给对方造成不同的感受。比如，你跟对方说"你怎么总是乱脱袜子"改成"记得下次脱下袜子放在同一个地方"。这种缓和的态度会让对方更容易接受。

（3）尽可能清晰地表达自己的看法和感受

不管是心思缜密的内向者还是大大咧咧的外向者，每个人的内心都不容易被别人猜透。换句话说，你一定要把自己的想法明确地表达出来，告诉对方你的内心感受、期待和需求等，让其了解你的状态，这样才能进行有效的沟通。

其实，只要内向者掌握了沟通的技巧，平时多和伴侣聊一聊，彼此之间就会多一些了解、多一些体谅，自然也将更合拍。如此一来，你们的爱情生活将会更加和谐和美满。